21世纪高等学校计算机专业实用规划教材

数据结构实验教程
（C语言版）（第2版）

王国钧　唐国民　主编

清华大学出版社
北京

内 容 简 介

本书是为"数据结构"课程编写的辅助教材,是 21 世纪高等学校规划教材《数据结构(C 语言版)》(清华大学出版社出版)的配套实验用书。

全书共分三篇。第一篇为"学习指导与习题解答";第二篇为"数据结构实验";第三篇为"数据结构课程设计"。本书内容由浅入深,循序渐进地培养学生的实践技能。书中自始至终使用 C 语言来描述算法和数据结构,全部程序都在 Turbo C 或 Visual C++6.0 中调试通过。

本书内容既配合原教材,又有相对的独立性,可作为高校计算机及相关专业本科生的配套教材,也可作为专科和成人教育的辅助教材,还可供从事计算机应用的科技人员参考。

图书在版编目(CIP)数据

数据结构实验教程(C 语言版)/王国钧等主编. —2 版. —北京:清华大学出版社,2013.4
(2021.1 重印)
(21 世纪高等学校计算机专业实用规划教材)
ISBN 978-7-302-31415-8

Ⅰ.①数… Ⅱ.①王… Ⅲ.①数据结构—高等学校—教材 ②C 语言—程序设计—高等学校—教材 Ⅳ.①TP311.12

中国版本图书馆 CIP 数据核字(2013)第 018471 号

责任编辑:魏江江
封面设计:何凤霞
责任校对:梁　毅
责任印制:吴佳雯

出版发行:清华大学出版社
   网　　址:http://www.tup.com.cn,http://www.wqbook.com
   地　　址:北京清华大学学研大厦 A 座   邮　　编:100084
   社 总 机:010-62770175   邮　　购:010-83470235
   投稿与读者服务:010-62776969, c-service@tup.tsinghua.edu.cn
   质量反馈:010-62772015, zhiliang@tup.tsinghua.edu.cn
   课件下载:http://www.tup.com.cn,010-83470236
印 装 者:涿州市京南印刷厂
经　　销:全国新华书店
开　　本:185mm×260mm 印　张:17.5   字　数:433 千字
版　　次:2009 年 9 月第 1 版 2013 年 4 月第 2 版 印　次:2021 年 1 月第 7 次印刷
印　　数:6801～7600
定　　价:29.00 元

产品编号:048547-01

出版说明

随着我国改革开放的进一步深化,高等教育也得到了快速发展,各地高校紧密结合地方经济建设发展需要,科学运用市场调节机制,加大了使用信息科学等现代科学技术提升、改造传统学科专业的投入力度,通过教育改革合理调整和配置了教育资源,优化了传统学科专业,积极为地方经济建设输送人才,为我国经济社会的快速、健康和可持续发展以及高等教育自身的改革发展做出了巨大贡献。但是,高等教育质量还需要进一步提高以适应经济社会发展的需要,不少高校的专业设置和结构不尽合理,教师队伍整体素质亟待提高,人才培养模式、教学内容和方法需要进一步转变,学生的实践能力和创新精神亟待加强。

教育部一直十分重视高等教育质量工作。2007年1月,教育部下发了《关于实施高等学校本科教学质量与教学改革工程的意见》,计划实施“高等学校本科教学质量与教学改革工程(简称‘质量工程’)”,通过专业结构调整、课程教材建设、实践教学改革、教学团队建设等多项内容,进一步深化高等学校教学改革,提高人才培养的能力和水平,更好地满足经济社会发展对高素质人才的需要。在贯彻和落实教育部“质量工程”的过程中,各地高校发挥师资力量强、办学经验丰富、教学资源充裕等优势,对其特色专业及特色课程(群)加以规划、整理和总结,更新教学内容、改革课程体系,建设了一大批内容新、体系新、方法新、手段新的特色课程。在此基础上,经教育部相关教学指导委员会专家的指导和建议,清华大学出版社在多个领域精选各高校的特色课程,分别规划出版系列教材,以配合“质量工程”的实施,满足各高校教学质量和教学改革的需要。

本系列教材立足于计算机专业课程领域,以专业基础课为主、专业课为辅,横向满足高校多层次教学的需要。在规划过程中体现了如下一些基本原则和特点。

(1)反映计算机学科的最新发展,总结近年来计算机专业教学的最新成果。内容先进,充分吸收国外先进成果和理念。

(2)反映教学需要,促进教学发展。教材要适应多样化的教学需要,正确把握教学内容和课程体系的改革方向,融合先进的教学思想、方法和手段,体现科学性、先进性和系统性,强调对学生实践能力的培养,为学生知识、能力、素质协调发展创造条件。

(3)实施精品战略,突出重点,保证质量。规划教材把重点放在公共基础课和专业基础课的教材建设上;特别注意选择并安排一部分原来基础比较好的优秀教材或讲义修订再版,逐步形成精品教材;提倡并鼓励编写体现教学质量和教学改革成果的教材。

（4）主张一纲多本，合理配套。专业基础课和专业课教材配套，同一门课程有针对不同层次、面向不同应用的多本具有各自内容特点的教材。处理好教材统一性与多样化，基本教材与辅助教材、教学参考书，文字教材与软件教材的关系，实现教材系列资源配套。

（5）依靠专家，择优选用。在制定教材规划时要依靠各课程专家在调查研究本课程教材建设现状的基础上提出规划选题。在落实主编人选时，要引入竞争机制，通过申报、评审确定主题。书稿完成后要认真实行审稿程序，确保出书质量。

繁荣教材出版事业，提高教材质量的关键是教师。建立一支高水平教材编写梯队才能保证教材的编写质量和建设力度，希望有志于教材建设的教师能够加入到我们的编写队伍中来。

21 世纪高等学校计算机专业实用规划教材

联系人：魏江江 weijj@tup.tsinghua.edu.cn

第 2 版前言

　　《数据结构实验教程(C语言版)》自2009年9月出版以来,因其内容安排合理,案例丰富,实践性强等优点,受到广大读者的欢迎,又于2010年中、2012年初先后增印2次。为了适应高等学校计算机教育的需要,根据读者的要求,我们对第1版进行了修订,修正了发现的错误,简化了部分较繁琐的内容,但总体结构和风格仍保持不变。

　　本书既可以作为21世纪高等学校规划教材《数据结构(C语言版)》(浙江省"十一五"重点建设教材)的配套实验用书,也可以作为"数据结构课程设计"的教学用书,还可以作为从事计算机应用等工作的信息技术人员的参考用书。本书难免还存在错误和不足之处,希望得到广大读者的批评指正。

编著者

2012 年 10 月

前　言

在计算机教育中,"数据结构"的核心地位与重要作用是普遍公认的,而学习"数据结构"的困难也为广大师生所共识。

根据我们多年的教学经验,学习数据结构的主要困难在于解题。学生在解题中经常会出现错误,原因在于,一是教材中没有重点解释,二是教师授课时无法做到面面俱到。我们认为,要学好"数据结构",仅仅通过课堂教学或自学掌握理论知识是远远不够的,还必须加强实践。除了完成数据结构的习题以外,还需要上机完成数据结构实验的若干任务。为此,我们编写了这本《数据结构实验教程(C语言版)》。

本书是21世纪高等学校规划教材《数据结构(C语言版)》(清华大学出版社出版)的配套实验用书。全书共分为三篇:第一篇为"学习指导与习题解答",主要帮助读者理解数据结构的各种基本知识点和要点,并且提供了原教材的习题参考解答;第二篇为"数据结构实验"(共6个),要求读者在实验前做好充分准备,然后利用课内学时和课外时间进行上机实践,实验后认真书写实验报告;第三篇为"数据结构课程设计"(含大型作业题),主要帮助读者在完成了数据结构的实验之外,再进一步去完成数据结构课程设计的若干实践任务,以帮助读者上机调试、运行各种典型的算法和自己编制的算法,从实践中得到锻炼和提高,从而学会运用理论知识去解决软件开发中的实际问题,达到学以致用的目的,若上机时间有保障,则请尽量多安排上机,以便多做一些实验内容。

本书中,自始至终使用C语言来描述算法和数据结构,各实验中的程序都在Turbo C、C-free或Visual C++ 6.0中调试通过,以方便读者在计算机上进行实践,有助于理解算法的实质和基本思想。

本书内容既配合原教材,又有相对的独立性,内容安排由浅入深,循序渐进地培养学生的实践技能。因此,本书既可以作为高校计算机及相关专业本科生的配套教材,也可作为专科和成人教育的辅助教材。另外,本书还可供从事计算机应用等工作的工程技术人员参考,读者只需掌握C语言编程的基本技术就可以学习本书。

本书由王国钧、唐国民、蒋云良、邵斌、苏晓萍、伍一、米天胜、蒋鹏、申情、李树东等编著,全书最终由王国钧统稿。

本书的部分习题参考解答由严华云、侯向华、马瑜、吴红庆、颜鸿林等提供,在此一并表示衷心感谢。

由于编著者水平有限,因此书中难免存在错误,殷切希望广大读者批评指正。

编　者

2009年5月

目　　录

第一篇　学习指导与习题解答

第二篇 数据结构实验

第一篇
学习指导与习题解答

第一章

细菌的遗传与变异

第1章 概　论

本章要点

◇ 数据结构的概念

◇ 逻辑结构、存储结构和运算集合

◇ 算法时间、空间复杂度分析

本章学习目标

◇ 了解数据、数据元素等概念

◇ 掌握数据结构的概念

◇ 掌握逻辑结构、存储结构和运算集合的关系

◇ 掌握算法时间复杂度的分析

◇ 了解算法空间复杂度的分析

1.1　学习指导

1.1.1　基本知识点

数据(data)是信息的载体,是对客观事物的符号表示,能够被计算机识别、存储和加工处理。可以说,数据是计算机程序加工的"原料"。目前,图像、声音、视频等都可以通过编码由计算机处理,因此它们也属于数据的范畴。

数据元素(data element)是数据的基本单位,通常在计算机程序中作为一个整体进行考虑和处理。数据元素也称为元素、结点或记录。有时,一个数据元素可以由若干个数据项(也称字段、域)组成,数据项是数据不可分割的最小单位。

数据对象(data object)是性质相同的数据元素的集合,是数据的一个子集。例如,整数数据对象是集合 $N=\{0,\pm1,\pm2,\pm3,\cdots\}$;大写字母字符数据对象是集合 $C=\{$ 'A', 'B', $\cdots$, 'Z'$\}$。要注意的是,计算机中的整数数据对象集合 N_1 应该是上述集合 N 的一个子集,$N_1=\{0,\pm1,\pm2,\cdots,\pm maxint\}$,其中 maxint 是基于所使用的计算机和语言的最大整数。

数据类型(data type)是计算机程序中的数据对象以及定义在这个数据对象集合上的一组操作的总称。例如,C 语言中的整数类型是区间[−maxint,maxint]上的整数,在这个集合上可以进行加、减、乘、整除、求余等操作。

数据结构(data structure)是指数据对象以及该数据对象集合中的数据元素之间的相互关系(数据元素的组织形式)。

数据的**逻辑结构**,即数据元素之间的逻辑关系。数据的逻辑结构通常分为下列 4 类:

(1) **集合**:其中的数据元素之间除了"属于同一个集合"的关系以外,别无其他关系。

(2) **线性结构**:其中的数据元素之间存在一对一的关系。

(3) **树型结构**:其中的数据元素之间存在一对多的关系。

(4) **图状结构**(或称**网状结构**):其中的数据元素之间存在多对多的关系。

数据的**存储结构**,即数据元素以及它们之间的相互关系在计算机存储器内的表示(又称映像),也称为数据的**物理结构**。

数据的存储结构可采用以下 4 种基本的存储方法得到:

(1) 顺序存储方法。

(2) 链式存储方法。

(3) 索引存储方法。

(4) 散列存储方法。

上述 4 种基本的存储方法既可以单独使用,也可以组合起来对数据结构进行存储映像。对于同一种逻辑结构,若采用不同的存储方法,则可以得到不同的存储结构。

算法(Algorithm)是对特定问题求解步骤的一种描述,是指令的有限序列,其中每一条指令表示一个或多个操作。

算法具有 5 个主要的特性:**有穷性**、**确定性**、**可行性**、**输入及输出**。

算法时间复杂度:算法在运行时所要花费的时间。

算法空间复杂度:算法在运行时所要花费的空间。

算法分析则主要考察算法的时间复杂度与空间复杂度,在空间不受限制的情况下,时间复杂度决定了一个算法的好坏。

1.1.2 要点分析

1. 数据结构研究内容

数据结构的内容可归纳为三个部分:逻辑结构、存储结构和运算集合。按某种逻辑关系组织起来的一批数据,按一定的映像方式存放在计算机的存储器中,并在这些数据上定义了一个运算的集合,这就是一个数据结构。

一种数据结构究竟能有哪些运算,是由我们给它定义的。例如在线性表中我们定义了以下 9 种基本操作:

(1) InitList(L):初始化操作,构造一个空线性表 L。

(2) ClearList(L):清除线性表 L 的内容,将 L 置为空表。

(3) ListLength(L):求表长(表中元素个数)。

(4) Ins(L,i,Item):插入数据。

(5) Del(*L*, *i*)：删除数据。

(6) GetNode(*L*, *i*)：获取表 *L* 中位置 *i* 的结点值。

(7) Loc(*L*, Item)：定位(按值查找)。

(8) GetPrior(*L*, Item, *p*)：获取值为 Item 的结点的前驱结点。

(9) GetNext(*L*, Item, *p*)：获取值为 Item 的结点的后继结点。

但在一个具体实际应用中可能并不需要上述全部 9 种运算，而是需要其中的几种。在编写程序时，只对需要的运算编写代码。

2. 算法时间复杂度分析

一个算法所耗费的时间是算法中所有语句执行时间之和，而每条语句的执行时间是该语句的执行次数(频度)与该语句执行一次所需时间(因机器不同而不同)的乘积。

为了消除机器硬件给算法时间分析带来的影响，我们并不真正计算算法运行实际所耗费的时间，而是以语句执行的次数代替语句执行的时间。通常，一个算法是由控制结构(顺序、选择、循环)和"原操作"(固有数据类型的操作，是一条基本语句)构成的，而算法时间复杂度取决于两者的综合效果。算法时间复杂度就是所有"原操作"执行次数之和，它一般与输入数据量 *n* 相关。

一般，一个算法所耗费的时间将随输入数据量 *n* 的增大而增大。所以算法的时间复杂度是输入数据量 *n* 的函数，这时就称该算法的时间代价为 $T(n)$。

评价算法的时间复杂度，就是设法找出 $T(n)$ 和 *n* 的关系，即求出 $T(n)$，如 $T(n) = 3n^2 + 4n + 10$。在进行算法分析的时候，一般考虑当 *n* 充分大时的情况，所以常常用渐进时间复杂度来表示。当 *n* 充分大时，$3n^2$ 是时间耗费的主要方面，$4n$ 及常数 10 都是次要方面；$3n^2$ 中，n^2 是主要方面，常数 3 是次要方面。因此若用渐进符号 O 来表示，则 $T(n) = O(n^2)$。

1.2 习题参考解答

1.2.1 填空题

1. 数据的逻辑结构是数据元素之间的逻辑关系，通常有下列 4 类：(   )、(   )、(   )和(   )。

【答】 集合、线性结构、树型结构、图状结构。

2. 数据的存储结构是数据在计算机存储器里的表示，主要有 4 种基本存储方法：(   )、(   )、(   )和(   )。

【答】 顺序存储方法、链式存储方法、索引存储方法、散列存储方法。

1.2.2 选择题

1. 一个算法必须在执行有穷步之后结束，这是算法的(   )。

(A) 正确性　　　　(B) 有穷性　　　　(C) 确定性　　　　(D) 可行性

【答】 B。

2. 算法的每一步必须有确切的定义。也就是说,对于每一步需要执行的动作必须严格、清楚地给出规定。这是算法的(   )。

(A) 正确性　　　　(B) 有穷性　　　　(C) 确定性　　　　(D) 可行性

【答】 C。

3. 算法原则上都是能够由机器或人完成的。整个算法好像是一个解决问题的"工作序列",其中的每一步都是我们力所能及的一个动作。这是算法的(   )。

(A) 正确性　　　　(B) 有穷性　　　　(C) 确定性　　　　(D) 可行性

【答】 D。

1.2.3　简答题

1. 算法与程序有何异同?

【答】 尽管算法的含义与程序非常相似,但两者还是有区别的。首先,一个程序不一定满足有穷性,因此它不一定是算法。例如,系统程序中的操作系统,只要整个系统不遭受破坏,它就永远不会停止,即使没有作业要处理,它仍处于等待循环中,以待一个新作业的进入。因此操作系统就不是一个算法。其次,程序中的指令必须是计算机可以执行的,而算法中的指令却无此限制。如果一个算法采用机器可执行的语言来书写,那么它就是一个程序。

2. 什么是数据结构?试举一个简单的例子说明。

【答】 数据结构是指数据对象以及该数据对象集合中的数据元素之间的相互关系(数据元素的组织形式)。例如,队列的逻辑结构是线性表(先进先出);队列在计算机中既可以采用顺序存储也可以采用链式存储;对队列可进行删除数据元素、插入数据元素、判断是否为空队列,以及将队列置空等操作。

3. 什么是数据的逻辑结构?什么是数据的存储结构?

【答】 数据元素之间的逻辑关系,也称为数据的逻辑结构。数据元素以及它们之间的相互关系在计算机存储器内的表示(又称映像)称为数据的存储结构,也称数据的物理结构。

4. 什么是算法?算法有哪些特性?

【答】 算法是对特定问题求解步骤的一种描述,它是指令的有限序列,其中每一条指令表示一个或多个操作。此外,一个算法还具有下列5个特性:

(1) 有穷性:一个算法必须在执行有穷步之后结束,即算法必须在有限时间内完成。

(2) 确定性:算法中每一步必须有确切的含义,不会产生二义性。并且,在任何条件下,算法只有唯一的一条执行路径,即对于相同的输入只能得出相同的输出。

(3) 可行性:一个算法是能行的,即算法中的每一步都可以通过已经实现的基本运算执行有限次得以实现。

(4) 输入:一个算法有零个或多个输入,它们是算法开始时对算法给出的初始量。

(5) 输出:一个算法有一个或多个输出,它们是与输入有特定关系的量。

1.2.4 算法分析题

1. 将下列复杂度由小到大重新排序：2^n、$n!$、n^2、10000、$\log_2 n$、$n \times \log_2 n$。

【答】 $10000 < \log_2 n < n \times \log_2 n < n^2 < 2^n < n!$。

2. 用大 O 表示法描述下列复杂度。

(1) $5n^{5/2} + n^{2/5}$

【答】 $O(n^{5/2})$。

(2) $6 \times \log_2 n + 9n$

【答】 $O(n)$。

(3) $3n^4 + n \times \log_2 n$

【答】 $O(n^4)$。

(4) $n \times \log_2 n + n \times \log_3 n$

【答】 $O(n \times \log_2 n)$。

3. 设 n 为正整数，请用大 O 表示法描述下列程序段的时间复杂度。

(1)
```
i = 1; k = 0;
while(i < n)
    {k = k + 10 * i; i++ ;
    }
```

【答】 $O(n)$。

(2)
```
i = 0; k = 0;
do{k = k + 10 * i;
    ++ ;
    }while(i < n);
```

【答】 $O(n)$。

(3)
```
i = 1; j = 0;
while(i + j <= n)
    {if(i > j) j++ ;
     else i++
    }
```

【答】 $O(n)$。

(4)
```
x = n;    / * n 是常数且 n > 1 * /
while(x > = (y + 1) * (y + 1))
    y++ ;
```

【答】 $O(\sqrt{n})$。

(5)
```
for(i = 1; i <= n; i++ )
    for(j = 1; j <= i; j++ )
        for(k = 1; k <= j; k++ )
            x + = c; (c 为常数)
```

【答】 $O(n^3)$。

(6)
```
x = 91; y = 100;
while(y > 0)
    {if(x > 100) {x - = 10; y-- ;}
     else x++ ;
    }
```

【答】 本题只能计算 if 语句的频度。上述程序实质上是一个双重循环，对于每个 y 值($y > 0$)，if 语句执行 11 次，其中 10 次执行 x++。因此，if 语句的频度为 $11 \times 100 = 1100$ 次。

第2章　线　性　表

本章要点

◇　线性表的概念

◇　线性表的顺序存储结构

◇　线性表的链式存储结构

◇　顺序存储结构下线性表的各种操作的实现

◇　链式存储结构下线性表的各种操作的实现

本章学习目标

◇　理解顺序表、链表与线性表的区别

◇　掌握顺序存储结构的数据类型定义方法

◇　掌握顺序存储结构下线性表的各种操作的实现

◇　掌握链式存储结构的数据类型定义方法

◇　掌握链式存储结构下线性表的各种操作的实现

◇　了解双向链表

◇　了解循环链表

2.1　学　习　指　导

2.1.1　基本知识点

线性结构的基本特征如下：

(1) 有且只有一个"第一元素"。

(2) 有且只有一个"最后元素"。

(3) 除第一元素之外，其他元素都有唯一的直接前驱。

(4) 除最后元素之外，其他元素都有唯一的直接后继。

线性表：具有相同数据类型的 $n(n \geqslant 0)$ 个数据元素的有限序列。

顺序表：采用顺序存储结构的线性表称为顺序表。

顺序表 L 的第 i 个元素的存储位置和第一个元素的存储位置的关系为：

$$Loc(a_i) = Loc(a_1) + (i-1) * m$$

其中 $Loc(a_1)$ 是线性表的第一个数据元素的存储位置,通常称为线性表的起始位置或基地址。

顺序表的存储结构定义如下:

```
typedef int datatype;              /* 定义表元素类型 */
♯ define maxsize 1024              /* 线性表的最大长度 */
typedef struct
{   datatype elem[maxsize];        /* 存放表结点的数组 */
    int length;                    /* 表长 */
}sequenlist;
```

链表:以链式结构存储的线性表称为链表。

链表包括单链表、双向链表、循环链表。

单链表的存储结构定义如下:

```
typedef struct LNode
    {   ElemType    data;
        Struct LNode * next;
    }LinkList;
LinkList * L, * head;
```

双向链表的存储结构可定义如下:

```
typedef   struct   DNode
  {
    struct   DNode   * prior;
    ElemType   data;
    Struct   DNode   * next;
  }DLinkList;
DLinkList * DL, * p;
```

单向循环链表的结构与单链表相同,双向循环链表的结构与双向链表相同。不同之处在于,单向循环链表最后一个结点的 next 指针指向第一个结点,双向循环链表第一个结点的 prior 指针指向最后一个结点,在非循环链表中,这两个特殊的指针均为 NULL。

线性表最主要的操作包括初始化操作、插入、删除等。

2.1.2 要点分析

1. 线性表顺序存储与链式存储的比较

从时间的角度考虑,在按位置查找数据,或在查找元素的前驱和后继等方面,顺序存储有着较大的优势。在插入数据、删除数据时,链式存储就有较大的优势,这是由于在链表中只要修改指针即可实现这些操作;而在顺序表中进行插入和删除,平均要移动表中将近一半的数据元素。

从空间的角度考虑,顺序表的存储空间是静态分配的,在程序执行之前必须规定其存储规模。而动态链表的存储空间是动态分配的,只要内存空间有空闲,就不会产生溢出。

2. 顺序表的插入、删除操作

在顺序表第 i 个元素前插入结点，需要把 i 到 n 的所有元素都向后移动一位，最后把新元素插入到第 i 个位置。需要注意的是，在进行移动的时候，必须是从 n 到 i 依次向后移动，如果从 i 到 n 依次向后移动，则最后 $i+1$ 到 $n+1$ 个位置的所有元素的值都是一样的，即原来第 i 个元素的值。

删除第 i 个元素时，需要将 $i+1$ 到 n 的所有元素依次向前移动。移动顺序与插入相反，是从前向后进行，即从 i 到 n 依次向前移动一个位置。

3. 单链表的插入、删除操作

要在单链表中第 i 个元素前插入结点，或者删除第 i 个结点，都只需要修改第 $i-1$ 个结点的 next 指针。所以进行插入、删除操作的主要工作就是找到第 $i-1$ 个结点，这需要从头结点开始。

当我们要在第一个元素前插入元素，或者删除第一个元素时，对于不带头结点的单链表，则需要修改头指针。这就是带头结点和不带头结点的单链表在进行运算时的主要区别。不带头结点的单链表在进行插入、删除运算时，在程序的开始总是要判断是不是在表头进行操作；带头结点的单链表则不需要进行此操作。

2.2　习题参考解答

2.2.1　简答题

1. 试描述头指针、头结点、开始结点的区别，并说明头指针和头结点的作用。

【答】

（1）头指针：是指向链表中的第一个结点（可以是头结点，也可以是开始结点）的指针。若链表中附设了头结点，则不管线性表是否为空，头指针均不为空；若链表中不设头结点，则线性表为空时，链表的头指针为空。

（2）头结点：为了操作方便，通常在链表的开始结点之前附加上一个结点，称为头结点。一般情况下，头结点的数据域中不存储信息（当然也可以存放某些附加信息，如链表长度等）。附设头结点的作用是为了对链表进行操作时更方便，可以对空表、非空表的情况以及对开始结点进行统一的处理。

（3）开始结点（即首元结点）：是指链表中存储线性表中第一个数据元素 a_1 的结点。

以上三个概念，对于单链表、循环链表和双向链表都适用。至于是否设置头结点，是属于同一逻辑结构采用不同的存储结构的问题。

2. 何时选用顺序表、何时选用链表作为线性表的存储结构为宜？

【答】 顺序表中查找元素、获取表长非常容易，但是，要插入或者删除一个元素却需要移动大量的元素；相反，链表中却可以方便地插入或者删除元素，但在查找元素时需要进行遍历。因此，当所涉及的问题常常需要进行查找等操作，而插入、删除操作相对较少的时候，适合采用顺序表；当常常需要进行插入、删除操作的时候，适合采用链表。

3. 为什么在单循环链表中设置尾指针比设置头指针更好？

【答】 在单循环链表中，设置尾指针，可以更方便地判断链表是否为空。

4. 在单链表、双链表和单循环链表中，若仅知道指针 p 指向某结点，而不知道头指针，能否将结点 $*p$ 从相应的链表中删去？

【答】 本题应分三种情况讨论：

(1) 单链表：当知道指针 p 指向某结点时，能够根据该指针找到其直接后继，但是不知道头指针，因此不能找到该结点的直接前驱，故无法删除该结点。

(2) 双链表：根据指针 p 可以找到该结点的直接前驱和直接后继，因此，能够删除该结点。

(3) 单循环链表：和双链表类似，根据指针 p 也可以找到该结点的直接前驱和直接后继，因此，也可以删除该结点。

5. 下列算法的功能是什么？

```
LinkList Demo(LinkList * L)   / * L 是无头结点单链表 * /
{
LNode * Q, * P;
if(L&&L -> next)
{
  Q = L;L = L -> next;P = L;
  while (P -> next) P = P -> next;
    P -> next = Q; Q -> next = NULL;
}
return L;
} / * Demo * /
```

【答】 将原来的第一个结点变成末尾结点，将原来的第二个结点变成链表的第一个结点。

2.2.2 算法设计题

1. 试分别用顺序表和单链表作为存储结构，实现将线性表 $(a_0, a_1, \cdots, a_{n-1})$ 就地逆置的操作，"就地"是指辅助空间应为 $O(1)$。

【答】 分如下两种情况讨论：

(1) 顺序表

要将该表逆置，可以将表中的开始结点与末元素结点互换，第二个元素结点与倒数第二个元素结点互换，以此类推，就可将整个表逆置了。算法如下：

```
void  ReverseList( Seqlist * L)
{
  Datatype   t ;                    / * 设置临时空间用于存放 data * /
  int i;
  for ( i = 0 ; i < L -> length/2 ; i++ )
    { t = L -> data[i];              / * 交换数据 * /
    L -> data[ i ]  = L -> data[ L -> length - 1 - i ]  ;
```

```
            L -> data[ L -> length - 1 - i] = t ;
        }
}
```

(2) 单链表

可以利用指针的指向转换来达到链表逆置的目的。算法如下：

```
LinkList   ReverseList( LinkList   head )
{                                   /* 将 head 所指的单链表逆置,注意:此链表带头结点 */
  ListNode *p, *q ;                 /* 设置两个临时指针变量 */
  if( head -> next && head -> next -> next)
    {                               /* 若链表不是空链表,也不是单结点链表 */
     p = head -> next; q = p -> next; p -> next = NULL;   /* 将开始结点变成末元素结点 */
     while (q)                      /* 每次循环将后一个结点变成开始结点 */
      { p = q; q = q -> next ; p -> next  =  head -> next  ;
        head -> next  =  p;
      }
     return head;
    }
  return head;                      /* 若是空链表或单结点链表,则直接返回 head */
}
```

2. 设顺序表 L 是一个递增有序表,试写一算法,将 x 插入 L 中,并使 L 仍是一个有序表。

【答】 因为已知顺序表 L 是递增有序表,所以只需从头找起,找到第一个比它大(或相等)的结点数据,把 x 插入这个数所在的位置即可。算法如下:

```
void InsertIncreaseList( Sequenlist * L , Datatype x )
{
  int i;
  for ( i = 0; i < L -> length && L -> data[i] < x; i++ ) ;   /* 查找并比较,分号不能少 */
  InsertList (L,x,i);                                         /* 调用顺序表插入函数 */
}
```

3. 设顺序表 L 是一个递减有序表,试写一算法,将 x 插入其中后仍保持 L 的有序性。

【答】 类似于第 2 题,读者可自行完成,这里不再赘述。

4. 已知 L_1 和 L_2 分别指向两个单链表的头结点,且已知其长度分别为 m 和 n。试写一算法将这两个链表连接在一起,并分析算法的时间复杂度。

【答】 算法如下:

```
LinkList Link( LinkList L1 , LinkList L2 )
{                                   /* 将两个单链表连接在一起 */
  ListNode *p , *q ;  p = L1;   q = L2;
  while ( p -> next ) p = p -> next;            /* 查找终端结点 */
  p -> next = q -> next ;                       /* 将 L2 的开始结点连接在 L1 之后 */
  return L1 ;
}
```

因为本算法的主要操作时间花费在查找 L_1 的终端结点上,与 L_2 的长度无关,所以本算法的时间复杂度为 $O(m)$。

5. 设 A 和 B 是两个单链表,其表中元素递增有序。试写一算法将 A 和 B 归并成一个按元素值递减有序的单链表 C,并要求辅助空间为 $O(1)$,请分析算法的时间复杂度。

【答】 根据已知条件,A 和 B 是两个递增有序表,可以以 A 表为基础,按照插入单个元素的办法把 B 表的元素逐个插入 A 表中。插入完成后,再将整个链表逆置,就得到一个按元素值递减有序的单链表 C 了。具体算法如下:

```
LinkList   MergeSort （ LinkList A  , LinkList B ）
{/ * 归并两个递增有序表为一个递减有序表 */
  ListNode  * pa , * pb ，  * qa  , * qb ；
  pa = A； pb = B； qa = A->next； qb = B->next；
  while ( qa && qb)
  {
      if ( qb->data < qa->data )
      {/ * 当B中的元素小于A中当前元素时,插入到它的前面 */
        pb = qb；     qb = qb->next ；        / * 指向B中下一个元素 */
        pa->next = pb；  pb->next = qa；  pa = pb；
      }
      else
        if ( qb->data  >=  pa->data && qb->data <= qa->data)
        {/ * 当B中元素大于等于A中当前元素,且小于等于A中后一个元素时,将此元素插入
到A的当前元素之后 */
            pa = qa； qa = qa->next；        / * 保存A的后一个元素位置 */
            pb = qb；  qb = qb->next；        / * 保存B的后一个元素位置 */
            a->next = pb；                / * 插入元素 */
            pb->next = qa；
        }
        else
        { / * 如果B中元素总是更大,指针移向下一个A元素 */
            pa = qa；
            qa = qa->next；
        }
  }
  if（qb ） / * 如果A表已到终端而B表还有结点未插入 */
  { / * 将B表接到A表后面 */
    pa->next = qb；
  }
  LinkList  C = ReverseList （A）；        /* 调用第1题所设计的逆置函数 */
  return    C；   / * 返回新的单链表C,已是递减排列 */
  }
```

该算法的时间复杂度分析如下:算法中只有一个 while 循环,在这个循环中,按照最坏的情况是 B 元素既有插到 A 的最前的,也有插到最后的,也就是说需要把 A 中元素和 B 中元素全部进行检查比较,这时所费的时间就是 $m+n$。而新链表的长度是 $m+n+1$(有头结点),这样逆置函数的执行所费时间为 $m+n+1$。因此可得整个算法的时间复杂

度为 $O(m+n)$。

6. 写一算法将单链表中值重复的结点删除,使所得的结果表中各结点值均不相同。已知由单链表表示的线性表中,含有三类字符的数据元素(如字母字符、数字字符和其他字符),试编写算法构造三个以循环链表表示的线性表,使每个表中只含同一类的字符,且利用原表中的结点空间作为这三个表的结点空间,头结点可另辟空间。

【答】 本题分为两个部分,第一部分是删除重复结点,第二部分是链表的分解。

首先看第一部分:要删除重复结点,有两种方式,第一种方式是,先取开始结点中的值,将它与其后的所有结点值一一进行比较,发现相同的就删除掉,然后再取第二结点的值,重复上述过程直到最后一个结点。第二种方式是,将单链表按值的大小排序,将排好后的结点中相同的删除。这里给出第一种方式的算法:

```c
void deletesequal(ListNode * head)
{
    ListNode   * p1, * p2, * p3, * temp;
    p1 = head;
    while(p1)
    {
      p2 = p1 -> next;   p3 = p2 -> next;
      while(p3)
      {
        if(p2 -> item = p3 -> item)
        {
          temp = p3;   p3 = p3 -> next;
          delete(head,temp);   /* 调用删除结点的函数 */
        }
        else
            p3 - p3 -> next;
      }
      p1 = p1 -> next;
    }
}
```

第二部分:本部分的思路和第一部分类似,首先构造三个新的链表,然后遍历原链表,检测每一个元素,如果是第一类元素,则把该结点从原链表中删除,但不释放空间,而是添加到第一个新链表中;同样,如果是第二类元素,则添加到第二个新链表中;以此类推,直到所有的结点都检测完毕。具体算法略,请读者自行完成。

7. 假设在长度大于 1 的单循环链表中,既无头结点也无头指针。s 为指向链表中某个结点的指针,试编写算法删除结点 *s 的直接前驱结点。

【答】 已知指向这个结点的指针是 *s,那么要删除这个结点的直接前驱结点,只要找到一个结点,它的指针域是指向 *s 的,把这个结点删除就可以了。算法如下:

```c
void DeleteNode( ListNode * s)
{ /* 删除单循环链表中指定结点的直接前驱结点 */
ListNode * p, * q;
```

```
p = s;
while( p -> next! = s)
{
q = p; /
p = p -> next;
}
q -> next = s;          / * 删除结点 * /
free(p);                / * 释放空间 * /
}
```

第3章 栈和队列

本章要点

◇ 栈的概念

◇ 栈的特点

◇ 队列的概念

◇ 队列的特点

◇ 栈和队列的操作实现

本章学习目标

◇ 了解栈和队列的概念

◇ 了解栈和队列的特点

◇ 了解栈与递归的关系

◇ 掌握栈与递归的实现

◇ 掌握循环队列的实现原理

3.1 学 习 指 导

3.1.1 基本知识点

栈：限定只能在表的一端进行插入和删除运算的线性表。允许进行插入和删除运算的一端称为栈顶，不允许进行插入和删除运算的一端称为栈底。访问结点时遵循后进先出(LIFO)或先进后出(FILO)的原则。

栈的存储方式：顺序栈或链栈。

队列：只能在表的一端进行插入运算，在表的另一端进行删除运算的线性表。允许插入的一端称为队尾，允许删除的一端称为队头。队列遵循先进先出(FIFO)的原则。

队列的存储方式：顺序队列(循环队列)、链队列。

队列在顺序存储下会发生溢出。队空时再进行出队的操作称为"下溢"；而在队满时再进行入队的操作称为"上溢"。解决假溢出的方法是将顺序队列假想为一个首尾相接的圆环，称为循环队列。

3.1.2 要点分析

1. 栈和递归

如果在一个定义中,采用自身的简单情况来定义自己的方式,那么就称这种定义方式为递归定义。一个递归定义必须一次比一次简单,最后是有终结的,绝不能无限地循环下去。

若在调用一个函数的过程中又出现直接或间接地调用该函数本身,则称为函数的递归调用。

函数直接递归调用的形式如下:

```
fun()
｛ …
  fun()
 …
｝
```

函数间接递归调用的形式如下:

```
fun_a()
｛ …
  fun_b()
 …
｝
fun_b()
｛ …
  fun_a()
 …
｝
```

不论是函数直接递归还是函数间接递归,一般都使形参有规律地递增或递减,这样就使问题得到简化,最后也就有了一个明确的终止递归的条件,否则递归将会无止境地进行下去,直到耗尽系统资源。也就是说,必须要具有某个终止递归的条件。

典型的递归形式如下:

```
fun()
｛ …
  if()
    return;
  else
    ｛ …
      fun() …
    ｝
｝
```

在计算机中,通过使用一个工作栈来存放调用过程中的数据参数及其地址。特别是递归过程在尚未完成本次调用之前又递归调用了自身,为了确保新的递归调用不破坏前一次调用还需使用的工作区,就必须为每一次调用分配各自独立的工作区,并在本次调用结束时释放为其分配的工作区。由于递归调用满足"先进后出"原则,所以在程序运行时必须设置一个运行工作栈来依次保存递归调用时的每一个工作区,而这些工作区通常包括返回地址、过程的局部变量以及调用时传递的参数等。

递归过程调用的执行步骤可归纳如下:

(1) 记录调用过程结束时应返回的地址以及前一次调用传递给本次调用的参数等信息。

(2) 无条件转移到本次调用的过程入口地址并开始执行。

(3) 传递返回的数据信息。

(4) 本次过程执行结束,取出所保存的返回地址并无条件返回,即返回到前一次调用过程继续执行。

2. 循环队列

循环队列并不真的是一个循环的存储空间,它本身是一个顺序空间,只不过我们把它假想成一个首尾相连的空间。当指针走到最后一个元素时,若再往后移动就强制指向第一个元素。由于不知道何时到了最后一个元素,因此一般只要是指针向后移动,都强制进行求余运算。

```
q -> rear = (q -> rear + 1) % Maxsize;
q -> front = (q -> front + 1) % Maxsize;
```

3.2　习题参考解答

3.2.1　填空题

1. 线性表、栈和队列都是_____结构,可以在线性表的_____位置插入和删除元素;对于栈只能在_____插入和删除元素;对于队列只能在_____插入元素和在_____删除元素。

【答】　线性、任何、栈顶、队尾、队头。

2. 栈是一种特殊的线性表,允许插入和删除运算的一端称为_____;不允许插入和删除运算的一端称为_____。

【答】　栈顶、栈底。

3. _____是被限定为只能在表的一端进行插入运算,在表的另一端进行删除运算的线性表。

【答】　队列。

4. 在一个循环队列中,队首指针指向队首元素的_____位置。

【答】　当前。

5. 在具有 n 个单元的循环队列中,队满时共有_____个元素。

【答】 $n-1$。

6. 向栈中压入元素的操作是先_____，后_____。

【答】 存入元素、修改栈顶指针。

7. 从循环队列中删除一个元素时，其操作是先_____，后_____。

【答】 取出元素、移动队头指针。

8. 在操作序列 push(1)、push(2)、pop()、push(5)、push(7)、pop()、push(6)之后，栈顶元素是_____，栈底元素是_____。

【答】 6、1。

9. 在操作序列 enqueue(1)、enqueue(2)、dequeue()、enqueue(5)、enqueue(7)、dequeue()、enqueue(9)之后，队头元素是_____，队尾元素是_____。

【答】 5、9。

10. 用单链表表示的链式队列的队头是在链表的_____位置。

【答】 表头。

3.2.2 选择题

1. 栈中元素的进出原则是( )。

(A) 先进先出　　　(B) 后进先出　　　(C) 栈空则进　　　(D) 栈满则出

【答】 B。

2. 若已知一个栈的入栈序列是 $1,2,3,\cdots,n$，其输出序列为 $p_1,p_2,p_3,\cdots,p_n$，若 $p_1=n$，则 p_i 为( )。

(A) i　　　　　　(B) $n-i$　　　　　(C) $n-i+1$　　　(D) 不确定

【答】 C。

3. 判定一个栈 ST(最多元素为 m_0)为空的条件是( )。

(A) ST$->$top$<>$0　　　　　　　　(B) ST$->$top$=$0

(C) ST$->$top$<>$$m_0$　　　　　　　(D) ST$->$top$=$$m_0$

【答】 B。

4. 当利用长度为 N 的数组顺序存储一个栈时，假定用 top$==$N 表示栈空，则向这个栈插入一个元素时，首先应执行( )语句修改 top 指针。

(A) top++　　　　(B) top--　　　　(C) top　　　　　(D) top$=$0

【答】 B。

5. 假定一个链栈的栈顶指针用 top 表示，当 p 所指向的结点进栈时，执行的操作是( )。

(A) p$->$next$=$top;top$=$top$->$next;

(B) top$=$p$->$p;p$->$next$=$top;

(C) p$->$next$=$top$->$next;top$->$next$=$p;

(D) p$->$next$=$top;top$=$p;

【答】 D。

6. 判定一个队列 QU(最多元素为 m_0)为满的条件是( )。

(A) QU—>rear—QU—>front==m_0

(B) QU—>rear—QU—>front—1==m_0

(C) QU—>front==QU—>rear

(D) QU—>front==QU—>rear+1

【答】 B。

7. 数组 $Q[n]$ 用来表示一个循环队列,f 为当前队列头元素的前一位置,r 为队尾元素的位置,假定队列中元素的个数小于 n,计算队列中元素的公式为( )。

(A) $r-f$　　　　(B) $(n+f-r)\% n$　(C) $n+r-f$　　　　(D) $(n+r-f)\% n$

【答】 D。

8. 假定一个链队的队首和队尾指针分别为 front 和 rear,则判断队空的条件为( )。

(A) Front==rear　　　　　　　(B) Front!=NULL

(C) Rear!=NULL　　　　　　　(D) Front==NULL

【答】 A。

9. 假定利用数组 $a[N]$ 循环顺序存储一个队列,用 f 和 r 分别表示队首和队尾指针,并已知队未空,当进行出队并返回队首元素时所执行的操作为( )。

(A) return(a[++r%N])　　　　　(B) return(a[--r%N])

(C) return(a[++f%N])　　　　　(D) return(a[f++%N])

【答】 D。

10. 从供选择的答案中,选出最确切的一项,把相应编号填入对应的栏内。

设有 4 个数据元素 a_1、a_2、a_3 和 a_4,对它们分别进行栈操作或队操作。在进栈或进队操作时,按 a_1、a_2、a_3、a_4 次序每次进入一个元素。假设栈或队的初始状态都是空。

现要进行的栈操作是进栈两次,出栈一次,再进栈两次,出栈一次;这时,第一次出栈得到的元素是_____,第二次出栈得到的元素是_____;类似地,考虑对这 4 个数据元素进行的队操作是进队两次,出队一次,再进队两次,出队一次;这时,第一次出队得到的元素是_____,第二次出队得到的元素是_____。经操作后,最后在栈中或队中的元素还有_____个。

A. a_1　　B. a_2　　C. a_3　　D. a_4　　E. 1　　F. 2　　G. 3　　H. 0

【答】 B、D、A、B、F。

3.2.3 算法分析题(请写出下列各算法的功能)

1. int M(int x)

```
{int y;
if(x>100) return(x-10);
else
```

```
{y = M(x + 11);
 return(M(y));
 }
}
```

【答】 求解分段函数 $M(x) = \begin{cases} x-10, & x>100 \\ M(M(x+11)), & x\leqslant 100 \end{cases}$

2. void a1(Seqstack S)

```
{int I, n, a[100];
 n = 0;
 while(! SeqstackEmpty(S)) {n++ ; Pop(S,a[n]);}
 for(I = 1; I <= n; I++ ) Push(S,a[I]);
 }
```

【答】 将栈 S 中的数据元素次序颠倒。

3. void a2()

```
{Queue Q;
 InitQueue(Q);
 Char x = 'e', y = 'c';
 EnQueue(Q,'h'); EnQueue(Q,'r'); EnQueue(Q,y);
 x = DeQueue(Q);   EnQueue(Q,x);
  x = DeQueue(Q);   EnQueue(Q,'a');
While(! QueueEmpty(Q))
{ y = DeQueue(Q);
  printf("%c",y)
 }
printf("%c",x);
 }
```

【答】 输出字符序列 char。

3.2.4 算法设计题

1. 设单链表中存放着 n 个字符,试设计算法判断字符串是否为中心对称的字符串。例如"abcdedcba"就是中心对称的字符串。

【答】

```
int judge(linklist * head)
(seqstack s;
int i = 1;
linklist * p;
s -> top = 0;
p = head;
while(p! = null)
  {s -> data[s -> top++ ] = p -> data;
   p = p -> next;
```

```
    }
p = head;
while(p! = null)
 if(p - > data = = s - > data[s - >( - - top)])
  p = p - > next;
 else
  {i = 0;
   p = null;
  }
return i;
}
```

2. 编写一个表达式中开、闭括号是否合法配对的算法。

【答】

```
int match_test(char * str)
{char * p;
  int n = 0;
 for(p = str, * p; p++ )
  if( * p = = '( ') n++ ;
  else if( * p = = ') ') n-- ;
return (! n 1;0);
}
```

3. 编号为1、2、3、4的四列火车通过一个如主教材中图3.1(b)所示的栈式的列车调度站,可能得到的调度结果有哪些? 如果有 n 列火车通过调度站,请设计一个算法,输出所有可能的调度结果。

【答】

(1) 全进之后再出的情况,只有1种: 4,3,2,1。

(2) 进3个之后再出的情况,有3种: 3,4,2,1; 3,2,4,1; 3,2,1,4。

(3) 进2个之后再出的情况,有5种: 2,4,3,1; 2,3,4,1; 2,1,3,4; 2,1,4,3; 2,1,3,4。

(4) 进1个之后再出的情况,有5种: 1,4,3,2; 1,3,2,4; 1,3,4,2; 1,2,3,4; 1,2,4,3。

```
int cont = 1;
void print(int str[],int n)
{int i,j,k,l,m,a = 0,b[100];
  for(i = 0;i < n;i++ )
  { m = 0;
    for(j = i;j < n;j++ )
    if  (str[i] > str[j])  b[m++ ] = str[j];
    if(m > = 2)
     { for(k = 0;k < m;k++ )
     for(l = k;l < m;l++ )
      if(b[k] < b[l]) a = 1;
     }
   }
```

```
    if(a == 0)
      { printf(" %2d:",cont++);
        for(i = 0;i < n;i++)
        printf("%d",str[i]);
        printf("\n");
      }
}
void perm(int str[],int k,int n)
{int i,temp;
  if (k == n-1) print(str,n);
  else
  {
  for (i = k;i < n;i++)
    {temp = str[k];
    str[k] = str[i];
    str[i] = temp;
    perm(str,k+1,n);
    temp = str[i];
    str[i] = str[k];
    str[k] = temp;
    }
  }
}
```

4. 设有两个栈 S_1, S_2 都采用顺序栈方式,并且共享一个存储区[0..maxsize-1],为了尽量利用空间,减少溢出的可能性,可采用栈顶相向、迎面增长的存储方式,试设计入栈、出栈的算法。

【答】

(1) 入栈算法:

```
int *push(seqstack *s, datatype x)
{int flag;
 scanf("%d",&flag);
 if((s->top1+1) == (s->top2))
  printf)("stack is full\n")
 else
  {if((flag! = 1)&&(flag! = 2))
    printf("input error\n");
   if((s->top1+1)! = (s->top2))
    switch(flag)
     {case 1: s->data[s->top1] = x;
             s->top1++; break;
      case 2: s->data[s->top2] = x;
             s->top2--; break;
     }
```

```
        }
      return s;
  }
```

(2) 出栈算法：

```
datatype pop(seqstack * s)
{datatype t;
 int flag;
 scanf(" % d",&flag);
 if((flag! = 1)&&(flag! = 2))
    printf("input error\n");
 switch(flag)
    {case 1: if(s - > top1! = 0)
                {s - > top1 -- ;
                 t = s - > data[s - > top1];}
                else printf("stack1 is empty\n");
                break;
    case 2: if(s - > top2! = maxsize - 1)
                {s - > top2 ++ ; t = s - > data[s - > top2];}
    else printf("stack2 is empty\n");
          break;
     }
     return t;
  }
```

5. 假设用一个单循环链表来表示队列(也称为循环队列)，该队列只设一个队尾指针，不设队头指针，试编写相应的入队和出队的算法。

【答】

(1) 入队算法：

```
insert(linklist * rear, datatype x)
 {linklist * p;
  p = (linklist * )malloc(sizeof(linklist));
  if(rear == Null)
   {rear = p;
    rear - > next = p;}
  else
    {p - > next = rear - > next;
     rear - > next = p
     rear = p;}
 }
```

(2) 出队算法：

```
delete(linklist * rear)
 {if(rear == Null) printf("underflow\n");
   if(rear - > next == rear)
```

```
      rear = Null；
  else
      rear－>next = rear－>next－>next；
}
```

6. 假设将循环队列定义为：以域变量 rear 和 length 分别指示循环队列中队尾元素的位置和内含元素的个数。试给出循环队列的队满条件，并写出相应的入队和出队的算法。

【答】 假设队尾指针 rear 指示队尾元素实际存放的存储单元的位置，且设 sq 为指向 seqqueue 类型的队列指针，该类型含 rear 域、data 数组以及 len 域。

（1）入队算法：

```
int enqueue(seqqueue * sq,datatype x)
{if(sq－>len == maxsize) printf("overflow\n");
 else
   {sq－>rear = (sq－>rear + 1) % maxsize；
 sq－>data[sq－>rear] = x；
 sq－>len++ ；}
return 1；
}
```

（2）出队算法：

```
datatype delqueue(seqqueue * sq)
{int front；
 if(sq－>len == 0) printf("underfolw\n");
 else
   {front = sq－>rear + 1 － sq－>len；
    if(front < 0) front = front + maxsize；
    sq－>len－－ ；
   }
retrun sq－>data[front]；
}
```

第 4 章　　　　　　　　串

本章要点

◇ 串的概念

◇ 串的匹配

本章学习目标

◇ 了解串的概念

◇ 了解空串与空格串的区别

◇ 了解子串与主串的概念

◇ 掌握串的模式匹配算法

4.1　学习指导

4.1.1　基本知识点

　　串：由零个或多个字符组成的有限序列。串是字符串的简称，一般记为：

$$S = "a_1 a_2 \cdots a_n" \quad (n \geqslant 0)$$

其中，S 是串名；用双引号（""）括起的字符序列是串的值；$a_i (1 \leqslant i \leqslant n)$ 可以是字母、数字或其他字符；串字符的数目 n 称为该串的长度。

　　空串与空格串：长度为零（$n=0$）的串称为空串（Null String），它不包含任何字符。由空格字符组成的串称为空格串（Blank String），它的长度为串中空格字符的个数。

　　子串与主串：串中任意个连续字符组成的子序列称为该串的子串。包含子串的串称为该子串的主串。子串在主串中首次出现时，该子串首字符对应的主串序列中的序号定义为子串在主串中的位置。

　　串的比较：当且仅当两个串的长度相等，并且各个对应位置的字符也都相同时，称两个串相等。

　　串变量与串常量：串变量和其他类型的变量一样，其取值是可以改变的，它必须用名字来识别；串常量和整常数、实常数一样，具有固定的值，在程序中只能被引用而不能改变其值，即只能读不能写。

串的存储方式有如下几种：

(1) 定长顺序存储：用一组地址连续的存储单元来依次存放串中的字符序列，串中相邻的字符顺序存放在相邻的存储单元中。定长，指按照预先定义的大小为每一个串分配一个固定的存储区域。

(2) 堆存储：仍以一组空间足够大的、地址连续的存储单元存放串值字符序列，但该存储空间的大小不是预定义的，而是在程序执行过程中动态分配的。

(3) 链式存储：串的链式存储通常选择单链表形式，每个结点可存放一个字符也可存放多个字符，这由结点的大小确定；当结点存放多个字符时，若最后一个结点未放满字符，则这些空余的空间可采用特殊的符号如"♯"来填充。

4.1.2 要点分析

1. 串的模式匹配

子串定位操作又称为串的模式匹配，该操作是各种串处理系统中的重要操作之一。

子串定位操作是要在主串中找出一个与子串相同的子串。一般将主串称为目标串，将子串称为模式串。设 S 为目标串，T 为模式串，把从目标串 S 中查找模式串 T 的过程称为"模式匹配"。匹配的结果有两种：如果 S 中有模式为 T 的子串，则返回该子串在 S 中的位置，若 S 中有多个模式为 T 的子串时，则返回的是模式串 T 在 S 中第一次出现的位置，这种情况称为匹配成功；否则，称为匹配失败。

设有两个串 S 和 T，其中：

$$S = "s_1 s_2 s_3 \cdots s_n"$$
$$T = "t_1 t_2 t_3 \cdots t_m" (1 \leqslant m \leqslant n，通常有 m < n)$$

模式匹配算法的基本思想是：用 T 中字符依次与 S 中字符比较：从 S 中的第一个字符 ($i=1$) 和 T 中第一个字符 ($j=1$) 开始比较，如果 $s_1 = t_1$，则 i 和 j 各加 1，继续比较后续字符，若 $s_1 = t_1, s_2 = t_2, \cdots, s_m = t_m$，返回 1；否则，一定存在某个整数 $j (1 \leqslant j \leqslant m)$ 使得 $s_i \neq t_j$，即第一趟匹配失败，一旦出现这种情况，立即中断后面的比较，将模式串 T 向右移动一个字符执行第二趟匹配步骤，即从 T 中第一个字符 ($j=1$) 与 S 中的第 2 个字符 ($i=2$) 开始依次比较。

反复执行匹配步骤，直到出现下面两种情况之一：或者在某一趟匹配中出现 $t_1 = s_i - m + 1, t_2 = s_i - m + 2, \cdots, t_m = s_i$，则匹配成功，返回序号 $i - m + 1$；或者如果执行 $(n - m + 1)$ 次匹配步骤之后，即一直将 T 向右移到无法继续与 S 比较为止，在 S 中没有找到等于 T 的子串，那么匹配失败。

算法的时间复杂度为 $O(m(n-m))$，若 $n \gg m$，则时间复杂度为 $O(mn)$。

2. 模式匹配的改进算法——KMP 算法

KMP 算法的基本思想是：每当一趟匹配过程中出现字符比较不等时，指向主串的指针 i 不回溯，而是利用已经得到的"部分匹配"结果将模式串向右滑动一段距离后继续进行比较。该算法可以在 $O(m+n)$ 的数量级上完成串的模式匹配。

4.2 习题参考解答

4.2.1 填空题

1. 空串与空格串的区别在于_____。

【答】 空串是长度为零($n=0$)的串,它不包含任何字符;空格串是由空格字符组成的串,它的长度为串中空格字符的个数。

2. 两个字符串相等的充分必要条件是_____。

【答】 两个串的长度相等,并且各个对应位置的字符也都相同。

3. 按存储结构不同,串可分为_____。

【答】 顺序串和链串。

4. 写出模式串"abaabcac"的 next 函数值序列为_____。

【答】 01122312。

4.2.2 选择题

1. 设有两个串 p 和 q,求 q 在 p 中首次出现的位置的运算称为( )。

(A)连接 　　(B)模式匹配 　　(C)求子串 　　(D)求串长

【答】 B。

2. 串是一种特殊的线性表,其特殊性体现在( )。

(A)可以顺序存储 　　　　(B)数据元素是一个字符

(C)可以链式存储 　　　　(D)数据元素可以是多个字符

【答】 B。

3. 若串 S="software",其子串数目是( )。

(A)8 　　(B)37 　　(C)36 　　(D)9

【答】 C。

4. 在顺序串中,根据空间分配方式的不同,可分为( )。

(A)直接分配和间接分配 　　(B)静态分配和动态分配

(C)顺序分配和链式分配 　　(D)随机分配和固定分配

【答】 B。

5. 设串 s_1="ABCDEFG",s_2="PQRST",函数 con(x,y)返回 x 和 y 串的连接串,subs(s,i,j)返回串 s 的从序号 i 的字符开始的 j 个字符组成的子串,len(s)返回串 s 的长度,则 con(subs(s_1,2,len(s_2)),subs(s_1,len(s_2),2)))的结果串是( )。

(A)BCDEF 　　　　　　(B)BCDEFG

(C)BCPQRST 　　　　　　(D)BCDEFEF

【答】 D。

4.2.3 辨析题(简述下列每对术语的区别)

1. 串变量和串常量

【答】 串变量和其他类型的变量一样,其取值是可以改变的,它必须用名字来识别;而串常量和整常数、实常数一样,具有固定的值,在程序中只能被引用而不能改变其值,即只能读不能写。

2. 主串和子串

【答】 主串和子串是相对的,子串指串中任意个连续字符组成的子序列;包含子串的串称为该子串的主串。

3. 串名和串值

【答】 串名指串的名称;串值指用双引号("")括起的字符序列。如 $x=$"456",其中 x 是串变量名,串值为字符序列 123。

4.2.4 算法设计题

1. 利用下面的串的基本操作,构造子串定位运算 INDEX(S,T),其中 S 是目标串,T 是模式串。

(1) strlen(char * s);

(2) strcmp(char * s1,char * s2);

(3) substr(char * s,int pos,int len);

【答】

```
int INDEX(S,T)
/*若串 S 中存在与串 T 相等的子串,则返回第一个这样的子串在 S 中的位置,否则返回 0 */
{
m = strlen(S); n = strlen(T); i = 0;
    while(i < = m − n + 1)
    {
       if(strcmp(substr(S,i,n),T)! = 0)    ++ i;
         else return i;            /* 返回子串在主串中的位置 */
    }
   return 0;                    /* S 中不存在与 T 相等的子串 */
}
```

2. 编写算法,从串 s 中删除所有和串 t 相同的子串,说明算法所用的存储结构,并分析算法的执行时间。

【答】

```
Void  Delete_SubString(SeqString * s, SeqString t)
/* 从串 s 中删除所有与串 t 相同的子串,串采用顺序串存储结构 */
{
 for(n = 0,i = 1;i < = Strlen(s) − Strlen(t) + 1;i + + )
```

```
    if(! Strcmp(Substr(s,i,Strlen(t)),t))    /*找到与 t 匹配的子串*/
      {/*分别把 t 的前面和后面部分保存为 head 和 tail*/
      StrAssign(head,Substr(s,1,i-1));
      StrAssign(tail,Substr(s,i+Strlen(t),Strlen(s)-i-Strlen(t)+1));
      StrAssign(s,Strcat(head,tail));/*把 head,tail 连接为新串,再赋给串 s*/
      }
    return s;
    }
```

其中

```
#define MaxStrSize 256                  /*定义串可能的最大长度*/
typedef char SeqString[MaxStrSize];     /*定义串的顺序存储结构*/
```

3. 编写算法,将串中所有字符倒过来重新排列。

【答】

```
void String_Reverse(Stringtype s,Stringtype &r)
/*求 s 的逆串 r*/
{
   StrAssign(r,'');        /*初始化 r 为空串*/
   for(i=Strlen(s);i;i--)
     {
     StrAssign(c,SubStr(s,i,1));
     StrAssign(r,Strcat(r,c));      /*把 s 的字符从后往前添加到 r 中*/
     }
}
```

4. 采用串的链式存储表示的方法,改写 KMP 匹配算法和求 next 数组的算法,并估计算法的执行时间。

【答】

```
typedef struct{
   char ch;
   LStrNode * next;
           LStrNode * ;
   } LStrNode, * LString;
/*串的链式存储结构,其中 ch 域存放一个字符;succ 域存放指向同一链表中后继结点的指针;
next 域在主串中存放指向同一链表中前驱结点的指针,在模式串中存放指向当该结点的字符与
主串中字符不等时,模式串中下一个应进行比较的字符结点的指针,若该结点字符的 next 函数值
为零,则其 next 域的值为 NULL*/
void LGet_next(LString &T)
/*链串上的 get_next 算法
{
   p=T->succ; p->next=T; q=T;
   while(p->succ)
     {
     if(q==T||p->ch==q->ch)
       {
```

```
            p = p -> succ; q = q -> succ;
              p -> next = q;
              }
        else q = q -> next;
      }
  }


LStrNode * LIndex_KMP(LString S,LString T,LStrNode * pos)
/* 链串上的 KMP 匹配算法,返回值为匹配的子串首指针,pos 指向链串 S 的第一个结点 */
{
p = pos; q = T -> succ;
while(p&&q)
  {
    if(q == T||p -> ch == q -> ch)
      {
        p = p -> succ;
        q = q -> succ;
        }
    else q = q -> next;
  }
    if(! q)
      {
    for(i = 1;i <= Strlen(T);i++ )
      p = p -> next;
    return p;          /* 发现匹配成功,往回找子串的头 */
  }
return NULL;
  }
```

第5章 数组和广义表

本章要点

◇ 数组的压缩存储

◇ 数组的操作

◇ 稀疏矩阵

◇ 广义表的概念

本章学习目标

◇ 掌握特殊矩阵的压缩存储

◇ 掌握存储地址与数组下标的换算方法

◇ 了解稀疏矩阵的存储方法

5.1 学 习 指 导

5.1.1 基本知识点

数组：存储在地址连续的内存单元中的 $n(n > 1)$ 个相同类型数据元素的线性结构。一维数组可以看成是一个线性表。

数组的基本操作：

读：给定一组下标，取出相应的数据元素。

写：给定一组下标，修改数据元素的值。

数组的压缩存储：数组中元素分布有一定规律时，为节省空间可以进行压缩存储。如对称矩阵、对角矩阵、三角矩阵、稀疏矩阵。

广义表：$n(n \geqslant 0)$ 个元素 $a_1, a_2, \cdots, a_i, \cdots, a_n$ 的有限序列，其中 a_i 可以是原子，也可以是一个广义表。

可记做 LS$=(a_1, a_2, \cdots, a_i, \cdots, a_n)$，LS 是广义表的名字，$n$ 为广义表 LS 的长度。若 a_i 本身也是广义表，则称它为 LS 的**子表**。不包含任何元素（$n=0$）的广义表称为空表。

广义表通常用圆括号括起来，用逗号分隔其中的元素。

为了区分原子和广义表，用大写字母表示广义表，用小写字母表示原子。

若广义表 LS 非空（$n \geqslant 1$），则 a_1 称为 LS 的**表头**，其余元素组成的表（$a_2, \cdots, a_i, \cdots, a_n$）称为 LS 的**表尾**。显然，表尾一定是子表，但表头可以是原子，也可以是子表。

5.1.2 要点分析

1. 数组的某个元素存储位置计算公式

（1）一维数组

a_i 存储位置公式为：$\text{Loc}(a_i) = \text{Loc}(a_0) + i \times L$（$i < n$），$L$ 为每个数组元素所占的空间大小。

（2）二维数组（$m \times n$）

按行序为主序存放：$\text{Loc}(a_{ij}) = \text{Loc}(a_{00}) + (i \times n + j) \times L$

按列序为主序存放：$\text{Loc}(a_{ij}) = \text{Loc}(a_{00}) + (j \times m + i) \times L$

2. 矩阵的压缩存储

对称矩阵、对角矩阵、三角矩阵这三种特殊矩阵，其非零元素的分布有规律可循，总能找到一种方法将它们压缩到一个微量中，也就是将二维数组转成一维数组进行存储。所以必须掌握转换前后数据元素地址的变换关系，即二维数组的下标与一维数组的下标的对应关系，从而实现矩阵元素的随机存取。关于这部分内容在主教材中有详细论述，此处不再赘述。

稀疏矩阵中，非零元素比零元素少，且分布没有一定规律，不能简单地向一维转换。压缩存储的方法通常有两种，即三元组表示法和十字链表表示法。三元组表示结构简单，算法容易理解。如果稀疏矩阵经常进行插入、删除运算，或非零元素位置经常变动或个数经常发生变化，则用十字链表表示较适合。

5.2 习题参考解答

5.2.1 基础知识题

1. 给出 C 语言的三维数组地址计算公式。

【答】 因为 C 语言的数组下标下界是 0，所以

$$\text{Loc}(A_{mnp}) = \text{Loc}(A_{000}) + ((i \times n \times p) + j \times p + k) \times d$$

其中 A_{mnp} 表示三维数组。$\text{Loc}(A_{000})$ 表示数组起始位置。i、j、k 表示当前元素的下标，d 表示每个元素所占的单元数。

2. 设有三对角矩阵 n 阶方阵 $A[1..n][1..n]$，将其三条对角线上的元素逐行地存储到向量 $B[0..3n-3]$ 中，使得 $B[k] = a_{ij}$，求：

（1）用 i、j 表示 k 的下标变换公式。

（2）用 k 表示 i、j 的下标变换公式。

【答】

（1）要求 i、j 到 k 的下标变换公式，就要知道在 k 之前已有几个非零元素，这些非零元素的个数就是 k 的值，一个元素所在行为 i，所在列为 j，则在其前面已有的非零元素个数为 $(i \times 3 - 1) + j - (i + 1)$，其中 $(i * 3 - 1)$ 是这个元素前面所有行的非零元素个数，

$j-(i+1)$ 是它所在列前面的非零元素个数。化简可得 $k=2i+j$。

（2）因为 k 和 i、j 是一一对应的关系，所以不难算出：

i＝(k＋1)/3＋1 //k＋1 表示当前元素前有几个非零元素，被 3 整除就得到行号

j＝(k＋1)%3＋(k＋1)/3 //k＋1 除以 3 的余数表示当前行中第几个非零元素，

//加上前面的 0 元素所点列数就是当前列号

3. 设二维数组 $A[5][6]$ 的每个元素占 4 个字节，已知 $\mathrm{Loc}(a_{00})=1000$，则 A 共占多少个字节？A 的终端结点的起始地址是什么？按行和按列优先存储时，$a[2][5]$ 的起始地址分别是什么？

【答】

（1）因含 $5\times6=30$ 个元素，因此 A 共占 $30\times4=120$ 个字节。

（2）a_{45} 的起始地址为：

$$\mathrm{Loc}(a_{45})=\mathrm{Loc}(a_{00})+(i\times n+j)\times d=1000+(4\times6+5)\times4=1116$$

（3）按行优先顺序排列时：

$$a_{25}=1000+(2\times6+5)\times4=1068$$

（4）按列优先顺序排列（二维数组可用行列下标互换来计算）时：

$$a_{25}=1000+(5\times5+2)\times4=1108$$

4. 特殊矩阵和稀疏矩阵哪一种压缩存储后会失去随机存取的功能？为什么？

【答】 后者在采用压缩存储后将会失去随机存储的功能。因为在这种矩阵中，非零元素的分布是没有规律的，为了压缩存储，就将每一个非零元素的值和它所在的行、列号作为一个结点存放在一起，这样的结点组成的线性表称为三元组表，它已不是简单的向量，所以无法用下标直接存取矩阵中的元素。

5. 数组、广义表与线性表之间有什么样的关系？

【答】 广义表是线性表的推广，线性表是广义表的特例。当广义表中的元素都是原子时，即为线性表。数组可以看做是线性表的一种。

6. 画出下列广义表的图形表示：

（1）$A(a,B(b,d),C(e,B(b,d),L(f,g)))$

（2）$A(a,B(b,A))$

【答】 （1）这是一个再入表。

（2）这是一个递归表。

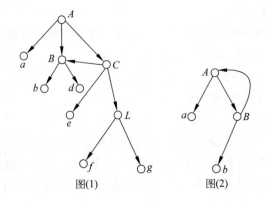

图(1)　　　　图(2)

7. 设广义表 $L=((),())$,试问 head(L)、tail(L),L 的长度、深度各为多少?

【答】 head(L)=()。

tail(L)=(())。

L 的长度为 2。

L 的深度为 2。

8. 广义表的 head 和 tail 运算,把原子 d 分别从下列广义表:

$$L_1=(((((a),b),d),e));\quad L_2=(a,(b,((d)),e))$$

中分离出来。

【答】

Head(Tail(Head(Head(L_1))))

Head(Head(Head(Tail(Head(Tail(L_2))))))

9. 下列广义表运算的结果:

(1) head(tail(((a,b),(c,d),(e,f))))

(2) tail(head(((a,b),(c,d),(e,f))))

(3) head(tail(head(((a,b),(e,f)))))

(4) tail(head(tail(((a,b),(e,f)))))

(5) tail(tail(head(((a,b),(e,f)))))

【答】 (1) (c,d);   (2) (b);   (3) b;   (4) (f);   (5) ()。

5.2.2 算法设计题

1. 编写一个过程,对一个 $n \times n$ 矩阵,通过行变换,使其每行元素的平均值按递增顺序排列。

【答】 题目中要求矩阵两行元素的平均值按递增顺序排序,由于每行元素个数相等,因此按平均值排列与按每行元素之和排列是一个意思。所以应先求出各行元素之和,放入一维数组中,然后选择一种排序方法,对该数组进行排序,注意在排序时若有元素移动,则与之相应的行中各元素也必须做相应的变动。

```
void Translation(float * matrix,int n)
//本算法对 n×n 的矩阵 matrix,通过行变换,使其各行元素的平均值按递增排列
{int i,j,k,l
float sum,min;                              //sum 暂存各行元素之和
float * p, * pi, * pk;
for(i = 0; i < n; i++ )
    {sum = 0.0; pk = matrix + i * n;         //pk 指向矩阵各行第 1 个元素
    for (j = 0; j < n; j++){sum + = * (pk); pk ++ ;}  //求一行元素之和
 * (p + i) = sum;                             //将一行元素之和存入一维数组
        }//for i
for(i = 0; i < n - 1; i++ )                   //用选择法对数组 p 进行排序
    {min = * (p + i); k = i;                  //初始设第 i 行元素之和最小
for(j = i + 1;j < n;j++ )
```

```
if(p[j] < min) {k = j; min = p[j];
}                                    //记新的最小值及行号
if(i! = k)                           //若最小行不是当前行,要进行交换(行元素及行元素之和)
  {pk = matrix + n * k;              //pk 指向第 k 行第 1 个元素
  pi = matrix + n * i;               //pi 指向第 i 行第 1 个元素
  for(j = 0;j < n;j++ )              //交换两行中对应的元素
    {sum = * (pk + j); * (pk + j) = * (pi + j); * (pi + j) = sum;}
  sum = p[i]; p[i] = p[k]; p[k] = sum;   //交换一维数组中元素之和
  }///if
}//for i
  free(p); //释放 p 数组
}// Translation
```

[**算法分析**]　算法中使用选择法排序,比较次数较多,但数据交换(移动)较少。若用其他排序方法,虽可减少比较次数,但数据移动会增多。算法的时间复杂度为 $O(n_2)$。

2. 当稀疏矩阵 A 和 B 均以三元组表作为存储结构时,试写出矩阵相加的算法,其结果存放在三元组表 C 中。

【答】　矩阵相加就是将两个矩阵中同一位置的元素值相加。由于两个稀疏矩阵的非零元素按三元组表形式存放,在建立新的三元组表 C 时,为了使三元组元素仍按行优先排列,因此每次插入的三元组不一定是 A 的,按照矩阵元素的行列去找 A 中的三元组,若有,则加入 C,同时,这个元素如果在 B 中也有,则加上 B 的这个元素值,否则这个值就不变;如果 A 中没有,则找 B,有则插入 C,无则查找下一个矩阵元素。

```
#define MaxSize 10        //用户自定义
typedef int DataType;     //用户自定义
typedef struct
{ //定义三元组
    int i,j;
    DataType v;
}TriTupleNode;

    typedef struct
      { //定义三元组表
        TriTupleNode data[MaxSize];
        int m,n,t;//矩阵行、列及三元组表长度
      }TriTupleTable;
    //以下为矩阵加算法
    void AddTriTuple( TriTupleTable * A, TriTupleTable * B, TriTupleTable * C)
      {//三元组表表示的稀疏矩阵 A,B 相加
        int k,l;
        DataType temp;
        C->m = A->m;//矩阵行数
        C->n = A->n;//矩阵列数
        C->t = 0; //三元组表长度
        k = 0; l = 0;
        while (k < A->t&&l < B->t)
          {if((A->data[k].i == B->data[l].i)&&(A->data[k].j == B->data[l].j))
```

```
        {temp = A -> data[k].v + B -> data[l].v;
          if (! temp)//相加不为零,加入 C
            {C -> data[c -> t].i = A -> data[k].i;
              C -> data[c -> t].j = A -> data[k].j;
              C -> data[c -> t ++ ].v = temp;
            }
          k ++ ;l ++ ;
        }
      if ((A -> data[k].i == B -> data[l].i)&&(A -> data[k].j < B -> data[l].j))
        ||(A -> data[k].i < B -> data[l].i)//将 A 中三元组加入 C
        {C -> data[c -> t].i = A -> data[k].i;
          C -> data[c -> t].j = A -> data[k].j;
          C -> data[c -> t ++ ].v = A -> data[k].v;
          k ++ ;
        }
      if ((A -> data[k].i == B -> data[l].i)&&(A -> data[k].j > B -> data[l].j))
        ||(A -> data[k].i > B -> data[l].i)//将 B 中三元组加入 C
        {C -> data[c -> t].i = B -> data[l].i;
          C -> data[c -> t].j = B -> data[l].j;
          C -> data[c -> t ++ ].v = B -> data[l].v;
          l ++ ;
        }
    }
  while (k < A -> t)//将 A 中剩余三元组加入 C
    {C -> data[c -> t].i = A -> data[k].i;
      C -> data[c -> t].j = A -> data[k].j;
      C -> data[c -> t ++ ].v = A -> data[k].v;
      k ++ ;
    }
  while (l < B -> t)//将 B 中剩余三元组加入 C
    {C -> data[c -> t].i = B -> data[l].i;
      C -> data[c -> t].j = B -> data[l].j;
      C -> data[c -> t ++ ].v = B -> data[l].v;
      l ++ ;
    }
}
```

第6章 树和二叉树

本章要点

◇ 树和二叉树的概念

◇ 二叉树的性质

◇ 完全二叉树、满二叉树

◇ 二叉树的存储

◇ 二叉树的遍历

◇ 森林、树、二叉树的转换

◇ 哈夫曼树

本章学习目标

◇ 了解树和二叉树的概念

◇ 掌握二叉树的性质

◇ 掌握二叉树的遍历方法

◇ 掌握森林、树、二叉树的转换方法

◇ 掌握哈夫曼树的应用

6.1 学 习 指 导

6.1.1 基本知识点

树(tree)：$n(n \geqslant 0)$ 个结点的有限集 T，当 $n=0$ 时，称为空树；当 $n>0$ 时，满足以下条件：

(1) 有且仅有一个结点被称为树根(root)结点。

(2) 当 $n>1$ 时，除根结点以外的其余 $n-1$ 个结点可以划分成 $m(m>0)$ 个互不相交的有限集 $T_1, T_2, \cdots, T_m$，其中每一个集合本身又是一棵树，称为根的子树(subtree)。

结点的度(degree)：结点拥有的子树的数目。

树的度：树中最大的结点的度数即为树的度。

结点的层次(level)：从根结点算起，根为第一层，它的孩子为第二层，以此类推。若某结点在第 l 层，则其孩子结点就在第 $l+1$ 层。

树的高度(depth)：树中结点的最大层次数。

森林(forest)：$m(m \geqslant 0)$ 棵互不相交的树的集合。

有序树与无序树：若树中结点的各子树从左至右是有次序的(不能互换)则称该树为有序树,否则称该树为无序树。

二叉树：由 $n(n \geqslant 0)$ 个结点的有限集 T 构成,此集合或者为空集,或者由一个根结点及两棵互不相交的左右子树组成,并且左右子树都是二叉树。二叉树的子树有左右之分,因此二叉树是一种有序树。

二叉树的性质：

性质 1　在二叉树的第 i 层上至多有 $2i-1$ 个结点($i \geqslant 1$)。

性质 2　深度为 k 的二叉树至多有 $2k-1$ 个结点($k \geqslant 1$)。

性质 3　对任意一棵二叉树 BT,如果其叶子结点数为 n_0,度为 2 的结点数为 n_2,则 $n_0 = n_2 + 1$。

性质 4　具有 n 个结点的完全二叉树的深度为 $\lfloor \log_2 n \rfloor + 1$(符号 $\lfloor x \rfloor$ 表示不大于 x 的最大整数)。

性质 5　对于具有 n 个结点的完全二叉树,如果对其结点按层次编号,则对任一结点 $i(1 \leqslant i \leqslant n)$,有：

(1) 如果 $i=1$,则结点 i 是二叉树的根,无双亲；如果 $i>1$,则其双亲是 $\lfloor i/2 \rfloor$。

(2) 如果 $2i>n$,则结点 i 无左孩子；如果 $2i \leqslant n$,则其左孩子是 $2i$。

(3) 如果 $2i+1>n$,则结点 i 无右孩子；如果 $2i+1 \leqslant n$,则其右孩子是 $2i+1$。

满二叉树：一棵深度为 k 且有 $2k-1$ 个结点的二叉树称为满二叉树。

完全二叉树：对于深度为 k,有 n 个结点的二叉树,当且仅当其每一个结点都与深度为 k 的满二叉树中编号从 $1 \sim n$ 的结点一一对应时,称为完全二叉树。

二叉树的存储结构有以下两种：

(1) 顺序存储结构：为了能够反映出结点之间的逻辑关系,必须将它"修补"成完全二叉树,对修补后的完全二叉树,用一维数组进行存储,原二叉树中空缺的结点在数组中的相应单元必须置空。

(2) 链式存储结构,算法描述如下：

```
typedef struct Node
{
    datatype    data;
    struct Node * Lchild;
    struct Node * Rchild;
} BTnode, * Btree;
```

二叉树的遍历：按某条搜索路径访问树中的每一个结点,使得每一个结点均被访问一次,而且仅被访问一次。二叉树的遍历分为先序、中序、后序遍历。

线索二叉树：利用二叉链表剩余的 $n+1$ 个空指针域来存放遍历过程中结点的前驱和后继的指针,这种附加的指针称为"线索",加上了线索的二叉链表称为线索链表,相应的二叉树称为线索二叉树。

```
typedef struct BiThrNod {
    TElemType        data;
    struct BiThrNode  * lchild, * rchild;   //左右指针
    PointerThr        LTag, RTag;           //左右标志
} BiThrNode, * BiThrTree;
```

其中：

$$LTag = \begin{cases} 0 & \text{lchild 域指示结点的左孩子} \\ 1 & \text{lchild 域指示结点的前驱} \end{cases}$$

$$RTag = \begin{cases} 0 & \text{rchild 域指示结点的右孩子} \\ 1 & \text{rchild 域指示结点的后继} \end{cases}$$

树的存储结构有以下三种表示法：

（1）**双亲（链表）表示法**：用一组连续的存储空间（数组）来存储树中的结点，每个数组元素中不但包含结点本身的信息，还保存该结点双亲结点在数组中的下标号。

（2）**孩子链表表示法**：把每个结点的孩子结点排列起来，构成一个单链表，该单链表就是本结点的孩子链表。具有 n 个结点的树就形成了 n 个孩子链表。

（3）**孩子兄弟链表表示法**：该表示法又称为二叉链表表示法，即以二叉链表作为树的存储结构。链表中每个结点设有两个链域，与二叉树的二叉链表表示法所不同的是，这两个链域分别指向该结点的第一个孩子结点和下一个兄弟（右兄弟）结点。

路径：从一个结点到另一个结点之间的分支序列。

路径长度：从一个结点到另一个结点所经过的分支数目。

结点的权：在实际的应用中，人们常常给树的每个结点赋予一个具有某种实际意义的数值，称该数值为这个结点的权。

结点的带权路径长度：从树根到某一结点的路径长度与该结点的权的乘积，叫做该结点的带权路径长度。

树的带权路径长度：树中所有叶子结点的带权路径长度之和。

哈夫曼树：由 n 个带权叶子结点构成的所有二叉树中带权路径长度 WPL 最小的二叉树，叫做哈夫曼树或最优二叉树，也叫最佳判定树。

构造 Huffman 树的方法——Huffman 算法，步骤如下：

（1）根据给定的 n 个权值 $\{w_1, w_2, \cdots, w_n\}$，构造 n 棵只有根结点的二叉树，令其权值为 w_i。在森林中选取两棵根结点权值最小的树作为左右子树，构造一棵新的二叉树，置新二叉树根结点权值为其左右子树根结点权值之和。

（2）在森林中删除这两棵树，同时将新得到的二叉树加入森林中。

（3）重复上述两步，直到只含一棵树为止，这棵树即为哈夫曼树。

前缀编码：任意一个编码不能成为其他任意编码的前缀。满足这个条件的编码叫做前缀编码。

6.1.2 要点分析

递归算法与非递归算法：树的搜索多以递归算法的形式表达，递归具有结构简练、清晰、可读性强等优点，但递归算法在执行过程会耗费太多的时间和空间，为了追求算法的时空效率，必须将递归算法转化为非递化算法。

对于简单的递归函数可以采用循环或递推的方式来实现，如求阶乘、求菲波拉契数列等，对于一些较为复杂的递归函数则必须利用栈来实现。

1. 先序遍历的非递归算法

```
#define maxsize 100
typedef struct
{
    Bitree Elem[maxsize];
    int top;
}SqStack;

void PreOrderUnrec(Bitree t)
{
    SqStack s;
    StackInit(s);
    p = t;

    while (p! = null || ! StackEmpty(s))
    {
        while (p! = null)              //遍历左子树
        {
            visite(p->data);
            push(s,p);
            p = p->lchild;
        }//endwhile

        if (! StackEmpty(s))          //通过下一次循环中的内嵌while实现右子树遍历
        {
            p = pop(s);
            p = p->rchild;
        }//endif

    }//endwhile

}//PreOrderUnrec
```

2. 中序遍历的非递归算法

```
#define maxsize 100
typedef struct
{
    Bitree Elem[maxsize];
    int top;
}SqStack;
```

```
void InOrderUnrec(Bitree t)
{
    SqStack s;
    StackInit(s);
    p = t;
    while (p! = null || ! StackEmpty(s))
    {
        while (p! = null)                //遍历左子树
        {
            push(s,p);
            p = p->lchild;
        }//endwhile

        if (! StackEmpty(s))
        {
            p = pop(s);
            visite(p->data);            //访问根结点
            p = p->rchild;              //通过下一次循环实现右子树遍历
        }//endif

    }//endwhile

}//InOrderUnrec
```

3. 后序遍历的非递归算法

```
#define maxsize 100
typedef enum{L,R} tagtype;
typedef struct
{
    Bitree ptr;
    tagtype tag;
}stacknode;

typedef struct
{
    stacknode Elem[maxsize];
    int top;
}SqStack;

void PostOrderUnrec(Bitree t)
{
    SqStack s;
    stacknode x;
    StackInit(s);
    p = t;

    do
    {
        while (p! = null)                //遍历左子树
        {
            x.ptr = p;
            x.tag = L;                   //标记为左子树
            push(s,x);
```

```
            p = p - > lchild;
        }

        while (! StackEmpty(s) && s.Elem[s.top].tag == R)
        {
            x = pop(s);
            p = x.ptr;
            visite(p - > data);        //tag 为 R,表示右子树访问完毕,故访问根结点
        }

        if (! StackEmpty(s))
        {
            s.Elem[s.top].tag = R;    //遍历右子树
            p = s.Elem[s.top].ptr - > rchild;
        }
    }while (! StackEmpty(s));
}//PostOrderUnrec
```

6.2　习题参考解答

6.2.1　填空题

1. 深度为 k 的完全二叉树至少有_____个结点,至多有_____个结点。

【答】 2^{k-1}、2^k-1。

2. 在一棵二叉树中,度为 0 的结点的个数为 n_0,度为 2 的结点的个数为 n_2,则有 $n_0 =$ _____。

【答】 n_2+1。

3. 一棵二叉树的第 $i(i \geqslant 1)$ 层最多有_____个结点;一棵有 $n(n > 0)$ 个结点的满二叉树共有_____个叶子结点和_____个非终结结点。

【答】 2^{i-1}、$(n+1)/2$、$(n-1)/2$。

4. 根据树的计数问题的原理,具有三个结点的二叉树有_____种不同的形态。

【答】 5。

5. 有一棵二叉树如图 6.1 所示,回答下面的问题:

(1) 这棵树的根结点是_____。

(2) 这棵树的叶子结点是_____。

(3) 结点 k_3 的度是_____。

(4) 这棵树的度是_____。

(5) 这棵树的树高是_____。

(6) 结点 k_3 的孩子是_____。

(7) 结点 k_3 的父亲是_____。

【答】 (1) 这棵树的根结点是 k_1。

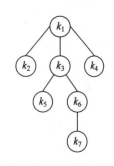

图 6.1　二叉树

(2) 这棵树的叶子结点是 k_2、k_5、k_7、k_4。

(3) 结点 k_3 的度是 2。

(4) 这棵树的度是 3。

(5) 这棵树的树高是 4。

(6) 结点 k_3 的孩子是 k_5、k_6。

(7) 结点 k_3 的父亲是 k_2。

6.2.2 选择题

1. 设一棵二叉树中,度为 1 的结点数为 9,则该二叉树的叶结点的数目为( )。

(A) 10 　　　　 (B) 11 　　　　 (C) 12 　　　　 (D) 不确定

【答】 D。

2. 设一棵二叉树中,度为 2 的结点数为 9,则该二叉树的叶结点的数目为( )。

(A) 10 　　　　 (B) 11 　　　　 (C) 12 　　　　 (D) 不确定

【答】 A。

3. 某二叉树结点的先序序列为 E、A、C、B、D、G、F,对中根遍历的序列为 A、B、C、D、E、F、G。该二叉树结点的后根遍历的序列为( )

(A) B、D、C、A、F、G、E 　　　　 (B) B、D、C、F、A、G、E

(C) E、G、F、A、C、D、B 　　　　 (D) E、G、A、C、D、F、B

【答】 A。

4. 第 3 题中的二叉树所对应的森林中包括多少棵树?( )

(A) 1 　　　　 (B) 2 　　　　 (C) 3 　　　　 (D) 4

【答】 B。

5. 在线索二叉树中,t 所指结点没有左子树的充要条件是( )。

(A) t->Lchild==Null

(B) t->Ltag==1

(C) t->Ltag==1 && t->Lchild==Null

(D) 以上都不对

【答】 B。

6. 设高度为 h 的二叉树上只有度为 0 和度为 2 的结点,则此类二叉树中所包含的结点数至少为( )。

(A) $2h$ 　　　　 (B) $2h+1$ 　　　　 (C) $2h-1$ 　　　　 (D) $h+1$

【答】 C。

7. 深度为 5 的二叉树至多有多少个结点?( )

(A) 16 　　　　 (B) 32 　　　　 (C) 31 　　　　 (D) 10

【答】 C。

8. 任何一棵二叉树的叶子结点在先根、中根和后根遍历序列中的相对次序( )。

(A) 不发生改变 　　　　 (B) 发生改变

(C) 不能确定 　　　　 (D) 以上都不对

【答】 A。

9.对于满二叉树,共有 n 个结点,其中 m 个叶子结点,深度为 h,则(　　)。

(A) $n=h+m$　　　　(B) $2n=h+m$　　　　(C) $m=h-1$　　　　(D) $n=2h-1$

【答】 D。

10.设 n、m 为一棵二叉树上的两个结点,在中根遍历时,n 在 m 之前的条件是(　　)。

(A) n 在 m 右方　　　　　　　　(B) n 是 m 的祖先

(C) n 在 m 左方　　　　　　　　(D) n 是 m 的子孙

【答】 C。

6.2.3 应用题

1.试找出分别满足下面条件的所有二叉树。

(1)先根遍历序列和中根遍历序列相同。

(2)中根遍历序列和后根遍历序列相同。

(3)先根遍历序列和后根遍历序列相同。

(4)先根、中根、后根遍历序列均相同。

【答】

(1)空树或任意结点均无左孩子的非空二叉树。

(2)空树或任意结点均无右孩子的非空二叉树。

(3)空树或仅有一个结点的二叉树。

(4)空树或仅有一个结点的二叉树。

2.若二叉树中各结点的值均不相同,则由二叉树的先根遍历序列和中根遍历序列,或由其中根遍历序列和后根遍历序列均能唯一地确定一棵二叉树,但由先序序列和后序序列却不一定能唯一地确定一棵二叉树。

(1)已知一棵二叉树的先序序列和中序序列分别为 *ABDGHCEFI* 和 *GDHBAECIF*,请画出此二叉树。

(2)已知一棵二叉树的先根序列和后根序列分别为 *BDCEAFHG* 和 *DECBHGFA*,请画出此二叉树。

(3)已知一棵二叉树的先根序列和后根序列分别为 *AB* 和 *BA*,请画出这两棵不同的二叉树。

【答】

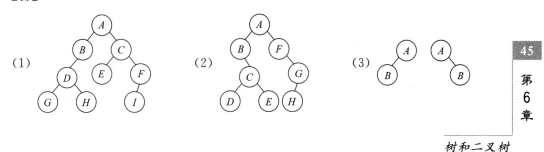

3. 以二叉链表为存储结构,编写一算法交换各结点的左右子树。

【答】

```
Btree swaptree(btree b)
{
  btree t,t1,t2;
  if (b == NULL)
  t = NULL;
  else
  { t = (btree)malloc(sizeof(btree));
    t -> data = b -> data;
    t1 = swaptree(b -> Lchild);
    t2 = swaptree(b -> Rchild);
    t -> Lchild = t2;
    t -> Rchild = t1;
  }
  return(t);
}
```

4. 以二叉链表为存储结构,写出求二叉树高度的算法。

【答】

```
int high(btree b);
{ int h1,h2;
  if(b == NULL)
  return(0);
  else
  { h1 = high(b -> Lchild);
    h2 = high(b -> Rchild);
    if(h1 > h2) return(h1 + 1);
    else return(h2 + 1);
  }
}
```

5. 以线索二叉链表作为存储结构。分别写出在先根线索树中查找给定结点 p 的前驱和后继,以及在后根线索树中查找 p 的前驱和后继的算法。

【答】 在先根线索树中查找给定结点 p 的后继:根据先序线索树的遍历过程可知,若结点 p 存在左子树,则 p 的左孩子结点即为 p 的后继;若结点 p 没有左子树,但有右子树,则 p 的右孩子结点即为 p 的后继;若结点 p 既没有左子树,也没有右子树,则结点 p 的 RChild 指针域所指的结点即为 p 的后继。用语句表示则为:

```
if (p -> Ltag == 0) succ = p -> LChild else succ = p -> RChild
```

同样,在后序线索树中查找结点 p 的前驱也很方便。但在先序线索树中找结点的前驱比较困难。若结点 p 是二叉树的根,则 p 的前驱为空;若 p 是其双亲的左孩子,或者 p 是其双亲的右孩子并且其双亲无左孩子,则 p 的前驱是 p 的双亲结点;若 p 是双亲的右孩子且双亲有左孩子,则 p 的前驱是其双亲的左子树中按先根遍历时最后访问的那个结点(说明：该题为选做题)。

6. 给定权值集合：7,19,2,6,32,21,3,10,试画出以权值为叶子结点的哈夫曼树。

【答】

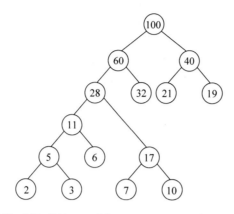

7. 画出下面的树转换后得到的二叉树。

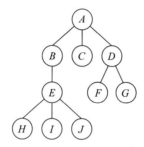

【答】

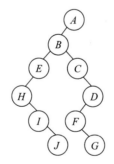

8. 将下面的森林转换为二叉树。

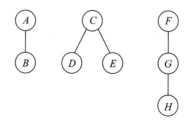

【答】

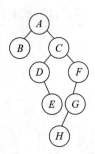

第 7 章   图

本章要点

◇ 图的概念

◇ 有向图和无向图

◇ 连通图和生成树

◇ 最小生成树

◇ 图的遍历

◇ 最短路径

◇ 拓扑排序

本章学习目标

◇ 了解有向图和无向图的概念

◇ 掌握图的存储方式

◇ 掌握图的遍历算法

◇ 掌握求最小生成树算法

◇ 了解最短路径和拓扑排序算法

7.1   学 习 指 导

7.1.1   基本知识点

图：一个图 G 是由两个集合 V 和 E 组成的，V 是有限的非空顶点集，E 是 V 上的顶点对所构成的边集，分别用 $V(G)$ 和 $E(G)$ 来表示图中的顶点集和边集。用二元组 $G=(V,E)$ 来表示图 G。

有向图与无向图：若图 G 中的每条边都是有方向的，则称 G 为有向图。有向边也称为弧。若图 G 中的每条边都是没有方向的，则称 G 为无向图。

完全图：对有 n 个顶点的图，若为无向图且边数为 $n(n-1)/2$，则称其为无向完全图；若为有向图且边数为 $n(n-1)$，则称其为有向完全图。

邻接顶点：若 (v_i,v_j) 是一条无向边，则称顶点 v_i 和 v_j 互为邻接点，或称 v_i 和 v_j 相邻接，并称边 (v_i,v_j) 关联于顶点 v_i 和 v_j，或称 (v_i,v_j) 与顶点 v_i 和 v_j 相关联。

顶点的度：一个顶点 v 的度是与它相关联的边的条数，记做 $TD(v)$。顶点 v 的入度

是以 v 为终点的有向边的条数,记做 $\mathrm{ID}(v)$；顶点 v 的出度是以 v 为始点的有向边的条数,记做 $\mathrm{OD}(v)$。

子图：设有两个图 $G=(V,E)$ 和 $G'=(V',E')$。若 $V'\subseteq V$ 且 $E'\subseteq E$,则称图 G' 是图 G 的子图。

路径：在图 $G=(V,E)$ 中,若存在一个顶点序列 v_{p_1}, v_{p_2}, $\cdots$, v_{p_m},使得 (v_i,v_{p_1}), (v_{p_1},v_{p_2}),$\cdots$,(v_{p_m},v_j) 均属于 E,则称顶点 v_i 到 v_j 存在一条路径。若一条路径上除了 v_i 和 v_j 可以相同外,其余顶点均不相同,则称此路径为一条简单路径。起点和终点相同的路径称为简单回路或简单环。

连通图：在无向图 G 中,若两个顶点 v_i 和 v_j 之间有路径存在,则称 v_i 和 v_j 是连通的。若 G 中任意两个顶点都是连通的,则称 G 为连通图。

连通分量：非连通图的极大连通子图叫做连通分量。

强连通图与强连通分量：在有向图中,若对于每一对顶点 v_i 和 v_j,都存在一条从 v_i 到 v_j 和从 v_j 到 v_i 的路径,则称此图是强连通图。非强连通图的极大强连通子图叫做强连通分量。

权：某些图的边具有与它相关的数,称为权。

网络：带权图叫做网络。

生成树与最小生成树：一个连通图的生成树是它的极小连通子图,在 n 个顶点的情形下,有 $n-1$ 条边。生成树各边的权值总和称为生成树的权。权最小的生成树称为**最小生成树**。

生成林：若 G 是一个不连通的无向图,G 的每个连通分量都有一棵生成树,这些生成树构成 G 的生成森林,简称生成林。

图的存储结构有以下两种表示法：

(1) 邻接矩阵表示法

```
typedef struct
{
    datatype vexs[MAXSIZE];          / * 顶点信息表 * /
    int edges[MAXSIZE][ MAXSIZE] ;   / * 邻接矩阵 * /
    int  n,e ;                       / * 顶点数和边数 * /
}graph;
```

(2) 邻接表表示法

```
typedef  struct  node  * pointer;
struct node {                        / * 表结点类型 * /
    int    vertex ;
    struct  node  * next ;
    } nnode;
typedef  struct {                    / * 表头结点类型,即顶点表结点类型 * /
    datatype  data ;
    pointer first ;                  / * 边表头指针 * /
```

```
    }headtype ;
typedef   struct {                          / * 表头结点向量,即顶点表 * /
    headtype   adlist[nmax];
    int n,e ;
    }lkgraph ;
```

图的遍历：从已给的连通图中某一顶点出发,沿着一些边访遍图中所有的顶点,且使每个顶点仅被访问一次,这个过程就叫做图的遍历,包括两种方式,即深度优先搜索 DFS、广度优先搜索 BFS。

最小生成树算法有以下两种：

(1) 普里姆(Prim)算法

```
置 T 为任意一个顶点；
求初始候选边集；
while(T 中结点数<n)
   {从候选边集中选取最短边(u,v)；
       将(u,v)及顶点 v,扩充到 T 中；
       调整候选边集；
   }
```

(2) 克鲁斯卡尔（Kruskal）算法

```
T = (V, φ)；
While （T 中所含边数 < n-1）
   { 从 E 中选取当前最短边(u,v)；
       从 E 中删除边(u,v)；
       if （(u,v)并入 T 之后不产生回路 )
           将边（u,v）并入 T 中；
   }
```

最短路径：是指所经过的边上的权值之和为最小的路径,而不是指路径上经过的边数为最少。其中,单源最短路径适用 Dijkstra 算法；任意顶点对之间的最短路径适用 Floyd 算法。

AOV 网络：在有向图中,用顶点表示活动,用有向边$<V_i, V_j>$表示活动的前后次序,V_i必须先于活动 V_j进行。这种有向图叫做顶点表示活动的 AOV 网络(Activity On Vertices)。AOV 网络中不能出现有向回路,即有向环。

拓扑排序：AOV 网络中所有顶点排成一个线性序列,并且该序列满足,若在 AOV 网络中由顶点 V_i 到顶点 V_j 有一条路径,则在该线性序列中的顶点 V_i 必定在顶点 V_j 之前。

关键路径：由于 AOE 网络中的某些活动能够并行进行,因此完成整个工程所需的时间是从源点到汇点的最长路径长度。这个长度最长的路径称为关键路径。关键路径上的所有活动均是关键活动。缩短关键活动的时间可以缩短整个工程的工期。

7.1.2 要点分析

1. 深度优先搜索

深度优先搜索类似于树的先序遍历,不断向前搜索又不断向后回溯。由 v 出发,访问它的任一邻接顶点 v_1;再从 v_1 出发,访问与 v_1 邻接但还没有访问过的顶点 v_2;然后再从 v_2 出发,进行类似的访问,如此进行下去,直至到达所有的邻接顶点都被访问过的顶点 v_k 为止。接着,退回一步,退到前一次刚访问过的顶点,看是否还有其他没有被访问的邻接顶点。如果有,则访问此顶点,之后再从此顶点出发,进行与前述类似的访问;如果没有,就再退回一步进行搜索。重复上述过程,直到连通图中所有顶点都被访问过为止。

深度优先搜索的特点是尽可能地先沿深度方向进行搜索,因此可以很容易地用递归算法实现。深度优先遍历图的过程实质上是对某个顶点查找其邻接点的过程,其耗费的时间则取决于所采用的存储结构。当用二维数组表示的邻接矩阵作为图的存储结构时,深度优先搜索算法的时间复杂度为 $O(n^2)$;当以邻接表作为图的存储结构时,深度优先搜索算法的时间复杂度为 $O(n+e)$,其中 e 为图中的边数。

2. 广度优先搜索

广度优先搜索类似于树的层次遍历,访问了起始顶点 v 之后,由 v 出发,依次访问 v 的各个未曾被访问过的邻接顶点 $v_1,v_2,\cdots,v_t$,再顺序访问 $v_1,v_2,\cdots,v_t$ 的所有还未被访问过的邻接顶点。然后从这些访问过的顶点出发,访问它们的所有还未被访问过的邻接顶点,依次类推,直到图中所有顶点都被访问到为止。

广度优先搜索的特点是尽可能先进行横向搜索,即先访问的顶点其邻接点也先被访问,后访问的顶点其邻接点也后被访问。为此,引入队列结构来保存已访问过的顶点序列,即从指定的顶点开始,每访问一个顶点,就使该顶点进入队尾,然后从队头取出一个顶点并访问该顶点的所有未被访问的邻接点且使其进入队尾,如此进行下去直至队空为止,则图中所有由开始顶点能够到达的顶点均已被访问过。

在广度优先搜索算法中,每个顶点至多进入队列一次,遍历图的过程实质上是通过边或弧寻找邻接点的过程。因此广度优先遍历图和深度优先遍历图的时间复杂度相同,它们之间的区别仅在于对顶点访问的顺序不同。

7.2 习题参考解答

7.2.1 名词解释题

【答】 略。

7.2.2 判断题

1. 图可以没有边,但不能没有顶点。(   )

【答】 ×。

2. 在有向图中，$<v_1,v_2>$ 与 $<v_2,v_1>$ 是两条不同的边。（　　）

【答】　√。

3. 邻接表只能用于有向图的存储。（　　）

【答】　×。

4. 用邻接矩阵法存储一个图时，在不考虑压缩存储的情况下，所占用的存储空间大小只与图中顶点个数有关，而与图的边数无关。（　　）

【答】　√。

5. 若以某个顶点开始，对有 n 个顶点的有向图 G 进行深度优先遍历，所得的遍历序列唯一，则可以断定其边数为 $n-1$。（　　）

【答】　×。

6. 有向图不能进行广度优先遍历。（　　）

【答】　×。

7. 若一个无向图以顶点 V_1 为起点进行深度优先遍历，所得的遍历序列唯一，则可以唯一确定该图。（　　）

【答】　√。

8. 带权图的最小生成树是唯一的。

【答】　×。

7.2.3　填空题

1. 图有_____、_____等存储结构；遍历图有_____、_____等方法。

【答】　邻接矩阵、邻接表；深度优先、广度优先。

2. 若图 G 中每条边都_____方向，则 G 为无向图。在有 n 条边的无向图邻接矩阵中，l 的个数是_____。

【答】　没有、$2n$。

3. 若图 G 中每条边都_____方向，则 G 为有向图。

【答】　有。

4. 图的邻接矩阵是表示_____之间相邻关系的矩阵。

【答】　顶点。

5. 有向图 G 用邻接矩阵存储，其第 i 行的所有元素之和等于顶点 i 的_____。

【答】　出度。

6. 有 n 个顶点和 e 条边的图采用邻接矩阵存储，深度优先搜索遍历算法的时间复杂度为_____。

【答】　$O(n^2)$。

7. n 个顶点的完全图有_____条边。

【答】　$n(n-1)/2$。

8. 一个图的生成树的顶点是图的_____顶点。

【答】 所有。

7.2.4 选择题

1. 在一个图中,所有顶点的度数之和等于图的边数的(   )倍。

(A) 1/2   (B) 1   (C) 2   (D) 4

【答】 C。

2. 在一个有向图中,所有顶点的入度之和等于所有顶点的出度之和的(   )倍。

(A) 1/2   (B) 1   (C) 2   (D) 4

【答】 B。

3. 有 8 个结点的无向图最多有 (   ) 条边。

(A) 14   (B) 28   (C) 56   (D) 112

【答】 B。

4. 有 8 个结点的无向连通图最少有(   )条边。

(A) 5   (B) 6   (C) 7   (D) 6

【答】 C。

5. 有 8 个结点的有向完全图有(   )条边。

(A) 14   (B) 28   (C) 56   (D) 112

【答】 C。

6. 用邻接表表示图进行广度优先遍历时,通常是采用(   )来实现算法的。

(A) 栈   (B) 队列   (C) 树   (D) 图

【答】 B。

7. 用邻接表表示图进行深度优先遍历时,通常是采用(   )来实现算法的。

(A) 栈   (B) 队列   (C) 树   (D) 图

【答】 A。

8. 广度优先遍历类似于二叉树的(   )。

(A) 先序遍历   (B) 中序遍历   (C) 后序遍历   (D) 层次遍历

【答】 D。

9. 任何一个无向连通图的最小生成树(   )。

(A) 只有一棵   (B) 有一棵或多棵

(C) 一定有多棵   (D) 可能不存在

【答】 B。

10. 生成树的构造方法只有(   )。

(A) 深度优先   (B) 深度优先和广度优先

(C) 无前驱的顶点优先   (D) 无后继的顶点优先

【答】 B。

11. 无向图顶点 v 的度关联于该(   )的数目。

（A）顶点   （B）边   （C）序号   （D）下标

【答】 B。

7.2.5 综合题

1. 有 n 个选手参加的单循环比赛要进行多少场比赛？试用图结构描述。若是主客场制的联赛，又要进行多少场比赛？

【答】 对于 n 个选手参加的单循环比赛，假设用 v_i 表示 n 个选手中的第 i 个，因为是参加单循环比赛，所以每一个选手都必须与其他 $n-1$ 个选手进行比赛。从 v_1 选手开始，v_1 分别与其他 $n-1$ 个选手进行比赛，需进行 $n-1$ 场比赛；然后选手 v_2 再与其他 $n-1$ 个选手进行比赛，由于他已与 v_1 比赛过，所以选手 v_2 要进行 $n-2$ 场比赛；依次类推，最后选手 v_{n-1} 要进行 $n-(n-1)=1$ 场比赛。因此共进行 $(n-1)+(n-2)+\cdots+2+1=n(n-1)/2$ 场比赛。在图中用选手 v_i 表示第 i 个顶点，两个选手比赛则两个顶点间有边相连，于是该图共有 $(n-1)+(n-2)+\cdots+2+1=n(n-1)/2$ 条边。

2. 证明下列命题：

（1）在任意一个有向图中，所有顶点的入度之和与出度之和相等。

【答】 因为在有向图中，每一条边都会产生一个入度和一个出度，所以所有顶点的出度之和与入度之和是相等的。

（2）任一无向图中各顶点的度的和一定为偶数。

【答】 在无向图中，每一条边都产生两个入度和两个出度，即每一条边所产生的入度与出度之和均为偶数，故无向图中所有边产生的入度与出度之和也是偶数。

3. 一个强连通图中各顶点的度有什么特点？

【答】 由于是强连通的，因此是在有向图中讨论问题，且在图中任意两个顶点 v_i 和 v_j，都存在着从 v_i 到 v_j 及从 v_j 到 v_i 的路径。所以图中的任何一个顶点的出度和入度均大于等于 1。

4. 证明：有向树中仅有 $n-1$ 条弧。

【答】 证明：由于是有向树，因此没有回路，而每一个顶点之间又有边相连，故 n 个顶点的有向树有 $n-1$ 条弧。

5. 已知有向图 G 用邻接矩阵存储，设计算法分别求解顶点 V_i 的入度、出度和度。

【答】 建邻接矩阵（对有向图）：

```
void  Create_Graph(graph  * ga)
 {
  int  i,j,k,w;
  printf ("请输入图的顶点数和边数：\n");
      scanf ("% d",&(ga->n),&( ga->e));
  printf ("请输入顶点信息(顶点编号),建立顶点信息表：\n");
  for(i = 0; i< ga->n; i++)
      scanf(" % c",&(ga-> vexs[i]));                        / * 输入顶点信息 * /
```

```
    for (i = 0; i<ga->n; i++)                          /*邻接矩阵初始化*/
     for (j = 0; j<ga->n; j++)
         ga->edges[i][j] = 0;
     for (k = 0; k<ga->e; k++)    /*读入边的顶点编号,建立邻接矩阵*/
     {   printf ("请输入第%d 条边的顶点序号 i,j 和权值 w: ",k+1);
         scanf ("%d,%d,%d",&i,&j,&w);
         ga->edges[i][j] = w;
     }
}
```

当有向图邻接矩阵存储时,求顶点 v_i 的入度、出度和度的算法,实际上就是求邻接矩阵第 i 行非零元素的个数和第 j 列非零元素的个数及它们的和。

```
void  Graph_i_id(graph   *ga)/* ga 是指针类型 */
{
   int   i,j ,k = 0,w = 0;
   printf ("请输入图的顶点数: \n");
     scanf ("%d",&(ga->n));
   printf ("请输入欲求入度和出度的顶点序号: \n");
   scanf ("%d",&i);
   for (j = 0; j<ga->n; j++)
    if (ga->edges[i][j] ! = 0)  k++ ;
   printf ("顶点 v%d 的入度为%d: \n",i,k);
     for (j = 0; j<ga->n; j++)
       if (ga->edges[j][i] ! = 0)  w++ ;
     printf ("顶点 v%d 的出度为%d: \n",i,w);
     printf ("顶点 v%d 的度为%d: ",i,k+w);
}
```

6. 设图 G 用邻接矩阵 $A[n+1,n+1]$ 表示,设计出判断 G 是否是无向图的算法。

【答】 解题思路为:查图 G 的邻接矩阵是否对称,如果是对称的,则是无向图。

```
int   Graph_wx(graph    *ga)/* ga 是指针类型 */
 {
   int   i,j ,k = 1;
   for (i = 0; i<ga->n; 1++)
       for (j = i+1; j<ga->n; j++)
           if (ga->edges[i][j] ! = ga->edges[j][ i])  k = 0;
           return k;
}
```

7. 设计算法以判断顶点 V_i 到 V_j 之间是否存在路径。若存在,则返回 TRUE;否则返回 FALSE。

【答】 假设图采用邻接表存储,编写一个函数利用深度优先搜索方法求出无向图中通过给定点 v 的简单回路。本题即输出经过 v_i 且路径长度 d 大于等于 2 的路径。实现本题功能的函数 cycle()如下(如果将此题中的条件"大于等于 2"修改成"大于等于 1",并且加一个判断条件:判断 v_j 是否在路径中,若在这个路径中,则输出 TRUE,否则输出

FALSE,那么就是习题 8 的答案了):

```
int visited[Vnum],A[Vnum];
void dfspath(adjlist * g,int vi,int vj,int d)
{
  int v,i;
  edgenode * p;
  visited[vi] = 1;
  d++ ;
  A[d] = vi;
  If(vi == vj && d >= 2)
    {
      printf <<"路径: ";
      for(i = 0; i <= d; i++ )
      printf(" % d ",A[i]);
      printf("\n");
    }
  p = g[vi].link;                   /* 找 vi 的第一个邻接顶点 */
  while(p! = NULL)
    {
      v = p -> adjvex;              /* v 为 vi 的邻接顶点 */
      if(visited[v] == 0 || v == vj) /* 若该顶点未标记访问,或为 vj,则递归访问 */
      dfspath(g,v,vj,d);
      p = p -> next;               /* 查找 vi 的下一个邻接顶点 */
    }
    visited[vi] = 0;               /* 取消访问标记,以使该顶点可重新使用 */
    d-- ;
}
void cycle(adjlist * g,int vi,int d)
  {
    dfspath(g,vi,vi,d);
  }
```

8. 设计算法以判断无向图 G 是否是连通的,若连通,则返回 TRUE;否则返回 FALSE。

【答】 算法提示:用最小生成树的算法实现,如果在最小生成树中包含图中所有的结点,则该图就是连通的。当然也可以使用深度和广度优先搜索方法来实现,若图是连通的,就可以搜索到图中所有的顶点。

9. 设 G 是无向图,设计算法求出 G 中的边数(假设图 G 分别采用邻接矩阵、邻接表以及不考虑具体存储形式,而是通过调用前面所述函数来求邻接点)。

【答】 算法提示:本题实质上是求无向图 G 的边数问题。如果图是用邻接矩阵存储,则就在矩阵的上三角(或下三角)中找出非零元素的个数即可;如果用邻接表存储,则就要遍历 n(顶点数)个线性链表,求得这 n 个链表中所有的结点数,然后取该数的 1/2 即可。

10. 设 G 是无向图,设计算法以判断 G 是否是一棵树,若是则返回 TRUE,否则返回 FALSE。

图

【答】 算法提示：如果无向图 G 是一棵树,则必定没有回路,即对于具有 n 个结点的图,一定具有 $n-1$ 条边。于是用求 G 的边数的算法就可以判断 G 是否为一棵树。

11. 当图 G 分别采用邻接矩阵和邻接表存储时,分析深度遍历算法的时间复杂度。

【答】 邻接表表示的图深度遍历称 DFS,时间复杂度为 $O(n+e)$；对用邻接矩阵表示的图深度遍历称 DFSM,时间复杂度为 $O(n^2)$。

12. 设计算法以求解距离 V_0 最远的一个顶点。

【答】 算法思路：要求距离 V_0 最远的一个顶点,可以通过修改距离 V_0 最近的一个顶点的方法实现。从 V_0 出发,利用与求最小生成树相反的方法,每次都找一个权值最大的边,则最后一个边的顶点即为所求。

13. 分别用 Prim 算法和 Kruskal 算法求解图 7.1 所示的最小生成树(主教材中图 7.17),并标注出中间求解过程的各状态。

【答】 用 Prim 算法得到的最小生成树及其求解过程如下：

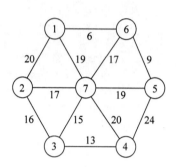

图 7.1 最小生成树

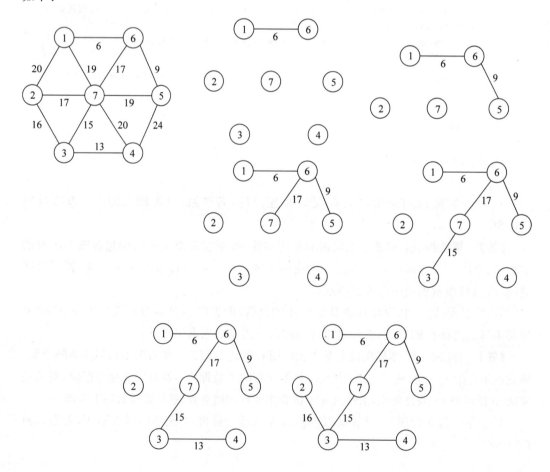

用 Kruskal 算法得到的最小生成树及其求解过程如下：

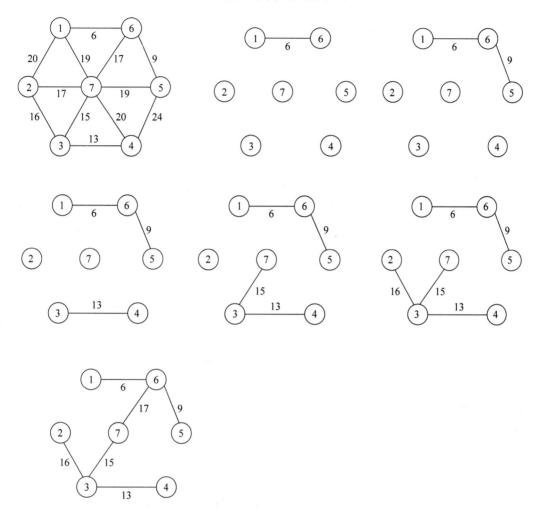

14. 在图 7.1 中分别采用邻接矩阵和邻接表存储时，Prim 算法的时间复杂度是否一致？为什么？

【答】 用邻接矩阵存储时，Prim 算法的时间复杂度是 $O(n^2)$，而用邻接表存储时，Prim 算法的时间复杂度有所不同，具体分析过程由读者自己完成。

15. 在实现 Kruskal 算法时，如何判断某边和已选边是否构成回路？

【答】 提示：请参考主教材中对 Kruskal 的文字描述部分。

16. 对图 7.2 所示的 AOV 网络（主教材中图 7.18），完成如下操作：

（1）按拓扑排序方法进行拓扑排序，写出中间各步的入度数组和栈的状态值，并写出拓扑序列。

（2）写出图 7.2 所示 AOV 网络的所有的拓扑序列。

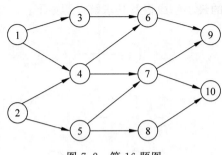

图 7.2　第 16 题图

【答】　(1) 其邻接表如下：

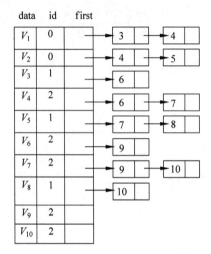

数组(id)的状态变化如下(⊙表示已出栈，在这里也表示 0)：

0	0	0	0	⊙	⊙	⊙	⊙	⊙	⊙
0	⊙	⊙	⊙	⊙	⊙	⊙	⊙	⊙	⊙
1	1	1	1	0	0	0	0	⊙	⊙
2	1	1	1	0	⊙	⊙	⊙	⊙	⊙
1	0	⊙	⊙	⊙	⊙	⊙	⊙	⊙	⊙
2	2	2	2	2	1	1	1	0	⊙
2	1	1	1	1	0	⊙	⊙	⊙	⊙
1	2	0	⊙	⊙	⊙	⊙	⊙	⊙	⊙
2	2	2	2	2	1	1	1	0
2	2	2	1	1	1	0	⊙	⊙	⊙

栈的变化情况如下：

2		5		8		4		7		10			
1	1	1	1	1		3	3	3	3	3	3	6	9

(2) 按出栈的先后顺序得到的拓扑排序序列为：

2→5→8→1→4→7→10→3→6→9

其余的拓扑排序序列请读者自己写出。

17. 对图 7.3(主教材中图 7.19),求出从顶点 1 到其余各顶点的最短路径。

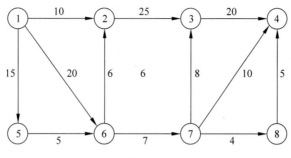

图 7.3　第 17 题图

【答】　顶点 1 到其余各顶点的最短路径如下:

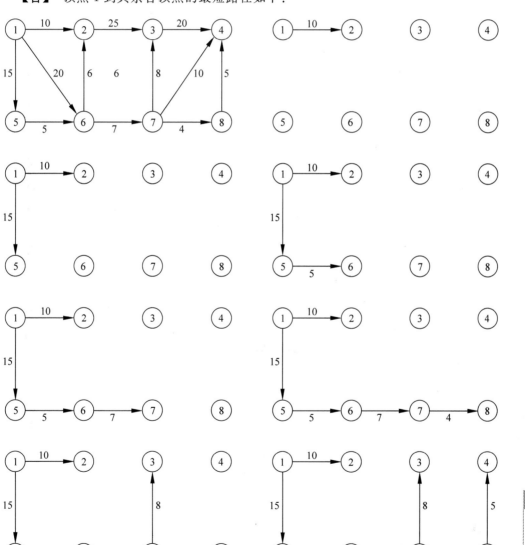

18. 已知某无向图有 6 个顶点,现依次输入各边(V_1,V_2)、(V_2,V_6)、(V_2,V_3)、(V_3,V_6)、(V_6,V_4)、(V_6,V_5)、(V_4,V_5)、(V_5,V_1),采用头插法建立邻接表,试画出邻接表,并写出在此基础上从顶点 V_2 出发的 DFS 和 BFS 遍历序列。

【答】 根据输入图中边的次序所画出的图如下:

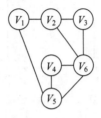

根据所画出的图中边的输入次序,采用头插法所画出的邻接表如下:

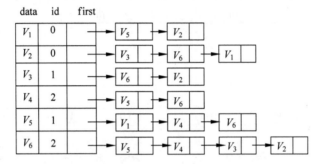

深度优先遍历此图所得的序列为:$V_2 \rightarrow V_3 \rightarrow V_6 \rightarrow V_5 \rightarrow V_1 \rightarrow V_4$。广度优先遍历此图所得的序列请读者自己完成。

19. 对图 7.4(主教材中图 7.20)用 Floyd 算法求所有顶点对之间的最短路径,写出迭代过程和结果。

【答】 其迭代过程和结果如下:

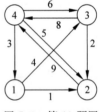

图 7.4 第 19 题图

邻接矩阵为:

$$\begin{bmatrix} 0 & 1 & 4 & \infty \\ \infty & 0 & \infty & 9 \\ \infty & 2 & 0 & 8 \\ 3 & 5 & 6 & 0 \end{bmatrix}$$

$$A^0 = \begin{bmatrix} 0 & 1 & 4 & \infty \\ \infty & 0 & \infty & 9 \\ \infty & 2 & 0 & 8 \\ 3 & 5 & 6 & 0 \end{bmatrix} \qquad path^0 = \begin{bmatrix} 0 & 0 & 0 & 0 \\ 0 & 0 & 0 & 0 \\ 0 & 0 & 0 & 0 \\ 0 & 0 & 0 & 0 \end{bmatrix}$$

$$A^1 = \begin{bmatrix} 0 & 1 & 4 & \infty \\ \infty & 0 & \infty & 9 \\ \infty & 2 & 0 & 8 \\ 3 & 4 & 6 & 0 \end{bmatrix} \qquad path^1 = \begin{bmatrix} 0 & 0 & 0 & 0 \\ 0 & 0 & 0 & 0 \\ 0 & 1 & 0 & 0 \\ 0 & 0 & 0 & 0 \end{bmatrix}$$

$$A^2 = \begin{bmatrix} 0 & 1 & 4 & 10 \\ \infty & 0 & \infty & 9 \\ \infty & 2 & 0 & 8 \\ 3 & 4 & 6 & 0 \end{bmatrix} \qquad \text{path}^2 = \begin{bmatrix} 0 & 0 & 0 & 2 \\ 0 & 0 & 0 & 0 \\ 0 & 1 & 0 & 0 \\ 0 & 0 & 0 & 0 \end{bmatrix}$$

$$A^3 = \begin{bmatrix} 0 & 1 & 4 & 10 \\ \infty & 0 & \infty & 9 \\ \infty & 2 & 0 & 8 \\ 3 & 4 & 6 & 0 \end{bmatrix} \qquad \text{path}^3 = \begin{bmatrix} 0 & 0 & 0 & 2 \\ 0 & 0 & 0 & 0 \\ 0 & 1 & 0 & 0 \\ 0 & 0 & 0 & 0 \end{bmatrix}$$

$$A^4 = \begin{bmatrix} 0 & 1 & 4 & 10 \\ 13 & 0 & 15 & 9 \\ 11 & 2 & 0 & 8 \\ 3 & 4 & 6 & 0 \end{bmatrix} \qquad \text{path}^4 = \begin{bmatrix} 0 & 0 & 0 & 2 \\ 4 & 0 & 4 & 0 \\ 4 & 1 & 0 & 0 \\ 0 & 0 & 0 & 0 \end{bmatrix}$$

说明：在 path^4 中所有为 0 的元素都是直接到达，即中间不经过任何顶点，如 path^4[1][2] 是从顶点 1 到顶点 2 不经过任何顶点而直接到达；不为 0 的元素有 path^4[1][4]＝2，这说明从顶点 1 到顶点 4 第一个经过的顶点是 2，接着看 path^4[1][2] 和 path^4[2][4]，由于它们都为 0，即从顶点 1 到顶点 2 及从顶点 2 到顶点 4 中间不经过任何顶点，因此从顶点 1 到顶点 4 中间只经过顶点 2，故从顶点 1 到顶点 4 的最短路径为＜1,2,4＞。同理，可以求得其他顶点对间的最短路径。

20. 画出图 7.5（主教材中图 7.21）带入度域的邻接表，假设邻接表的结点按结点序号递增排列。分别用栈和队列保存拓扑排序中入度为零的点，写出相应的拓扑排序序列。

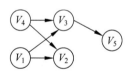

图 7.5　第 20 题图

【答】　带入度域的邻接表如下：

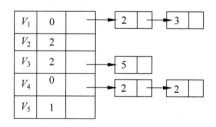

用栈保存拓扑排序中入度为 0 的点，栈的变化情况如下：

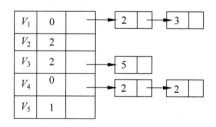

相应的拓扑排序序列为：

$$4 \rightarrow 1 \rightarrow 3 \rightarrow 5 \rightarrow 2$$

用队列保存拓扑排序中入度为0的点，队列的变化情况如下：

1 4	4	2 3	3	5

相应的拓扑排序序列为：

$$4 \rightarrow 1 \rightarrow 2 \rightarrow 3 \rightarrow 5$$

21. 编写算法，根据输入的顶点和边建立有向图的逆邻接表。

【答】

```
void cr_qraph(Ikgraph * ga){/* 建立有向图的邻接表 */
int   i,j,e,k;
pointer   p;
printf("请输入顶点数：\n");
scanf (" % d", &(ga->n));
for (i = 1; i<= ga->n; i++ ) {                /* 读入顶点信息,建立顶点表 */
        scanf ("\n % c", &( ga->adlist[i]. data)); /* 读入顶点信息 */
        ga->adlist[i]. first = NULL;          /* 开始时,表头结点无任何表结点相连 */
        }
e = 0;
scanf ("\n % d, % d\n", &i,&j); /* 读入一个顶点对号 <i,j> */
while (i>0)
{                                             /* 读入顶点对号,建立边表 */
  e++ ;                                       /* 累计边数 */
  p = (pointer)malloc(struct   node);         /* 生成新的邻接点序号为i的表结点 */
  p-> vertex = i;
  p-> next = ga->adlist[j]. first;
  ga->adlist[j].first = p; /* 将新表结点插入顶点 Vi 的边表的头部 */
  scanf ("\n % d, % d\n", &i,&j); /* 读入一个顶点对号 i 和 j */
}
ga->e = e ;
}
```

22. 编写算法，由无向图的邻接矩阵生成邻接表，要求邻接表中的结点按结点序号的大小顺序排列。

【答】 提示：由于无向图邻接矩阵中第 i 行非0元素的个数是第 i 个结点的度，因此按行扫描邻接矩阵并同时生成邻接表即可。

23. 编写算法，通过对无向图进行深度优先搜索，输出树边集。注意，每条边只能输出一次。

【答】 提示：参阅图的深度优先搜索算法。

第8章 查 找

本章要点

◇ 静态查找算法

◇ 动态查找算法

◇ 散列查找

本章学习目标

◇ 了解静态和动态查找的概念

◇ 掌握各种静态查找方法

◇ 掌握二叉排序树的构造

◇ 掌握散列查找的方法

8.1 学 习 指 导

8.1.1 基本知识点

查找：给定一个关键字值 K，在含有 n 个结点的表中找出关键字等于给定值 K 的结点。若找到，则查找成功，返回该结点的信息或该结点在表中的位置；否则查找失败，返回相关的指示信息。

动态查找表和静态查找表：若在查找的同时对表做修改操作（如插入和删除等），则相应的表称为动态查找表，否则称为静态查找表。

内查找和外查找：若整个查找过程都在内存进行，则称为内查找；若查找过程中需要访问外存，则称为外查找。

常见结构的查找：线性表的查找、二分查找、分块查找。

二叉排序树：二叉排序树可以是空树，也可以是满足如下性质的二叉树：

（1）若它的左子树非空，则左子树上所有结点的值均小于根结点的值；

（2）若它的右子树非空，则右子树上所有结点的值均大于根结点的值；

（3）左、右子树本身又各是一棵二叉排序树。

二叉排序树的特点如下：

（1）二叉排序树中任一结点 x，其左（右）子树中任一结点 y（若存在）的关键字必小

(大)于 x 的关键字。

(2) 二叉排序树中,各结点关键字是唯一的。

(3) 按中序遍历该树所得到的中序序列是一个递增有序序列。

B-树:一棵 $m(m \geqslant 3)$ 阶的 B-树是满足如下性质的 m 叉树。

(1) 每个结点至少包含下列数据域:$(n, P_0, K_1, P_1, K_2, \cdots, K_i, P_i)$,其中:

n 为关键字总数。

$K_i (1 \leqslant i \leqslant j)$ 是关键字,关键字序列递增有序,即 $K_1 < K_2 < \cdots < K_i$。

$P_i (0 \leqslant i \leqslant j)$ 是孩子指针,对于叶结点,每个 P_i 为空指针。

(2) 所有叶子在同一层上,叶子的层数为树的高度 h。

(3) 每个非根结点中所包含的关键字个数 j 满足:

$$\lceil m/2 \rceil - 1 \leqslant j \leqslant m - 1$$

(4) 若树非空,则根至少有 1 个关键字,故若根不是叶子,则它至少有 2 棵子树。根至多有 $m-1$ 个关键字,故至多有 m 棵子树。

散列表(Hash Table):散列的基本思想是,以结点的关键字 K 为自变量,通过一个确定的函数(映射)关系 h,计算出对应的函数值 $h(K)$,然后把这个值解释为结点的存储地址,将结点存入 $h(K)$ 所指的存储位置上。在查找时,根据要查找的关键字用同一函数 h 计算出地址,再到相应的单元里去取要查找的结点。用散列方法存储的线性表称为散列表,也称哈希表或杂凑表。上述的函数 h 称为散列函数,$h(K)$ 称为散列地址。

冲突:两个不同的关键字,由于散列函数值相同,因而被映射到同一表位置上,该现象称为冲突。发生冲突的两个关键字称为该散列函数的同义词(Synonym)。

通常情况下,由于关键字的个数大于散列表的长度,因此,无论怎样设计 h,也不可能完全避免冲突。我们只能做到,在设计 h 时尽可能使冲突最少,同时还需要确定解决冲突的方法,使发生冲突的同义词能够存储到散列表中。

8.1.2 要点分析

线性表查找、二分查找、分块查找、二叉排序树、B-树等查找方法,其共同特点是:记录在存储结构中的相对位置是随机的,所以在查找时都要通过一系列的关键字比较才能确定待查记录在存储结构中的位置。也就是说,这类查找是以关键字的比较为基础的。

散列表则不同,它是通过散列函数以记录的关键字为自变量映射成记录的存储地址,散列表的生成就是把记录逐一存放到以相应函数值为地址的存储单元中。在散列表中查找时,只需用散列函数计算得到待查记录的存储地址,即可得到所查信息,必要时通过冲突处理方法处理冲突。冲突越小,效率越高。

8.2 习题参考解答

8.2.1 填空题

1. 用二叉排序树查找,在最坏情况下,平均查找长度为_____;当二叉排序树是一棵平衡二叉树时,ASL 平均查找长度为_____。

【答】 $O(n)$、$O(\log_2 n)$。

2. 一棵深度为 h 的 B-树,任一个叶子结点所处的层数为_____,当向 B-树中插入一个新关键字时,为检索插入位置需读取_____个结点。

【答】 h、h。

3. 在散列存储中,装填因子 α 的值越大,则_____;α 的值越小,则_____。

【答】 存取元素时发生冲突的可能性就越大、存取元素时发生冲突的可能性就越小。

4. 高度为 5(除叶子层之外)的三阶 B-树至少有_____个结点。

【答】 31。

8.2.2 选择题

1. 采用顺序查找法查找长度为 n 的线性表时,每个元素的平均查找长度为_____。
(A) n　　　　(B) $n/2$　　　　(C) $(n+1)/2$　　　　(D) $(n-1)/2$

【答】 C。

2. 采用折半查找法查找长度为 n 的线性表时,每个元素的平均查找长度为_____。
(A) $O(n^2)$　　(B) $O(n\log_2 n)$　　(C) $O(n)$　　　　(D) $O(\log_2 n)$

【答】 D。

3. 有一个长度为 12 的有序表,按折半查找法对该表进行查找,在表内各元素等概率的情况下查找成功所需的平均比较次数为_____。
(A) 35/12　　(B) 37/12　　(C) 39/12　　(D) 43/12

【答】 B。

4. 如果要求一个线性表既能较快地查找,又能适应动态变化的要求,可以采用_____查找方法。
(A) 分块　　　(B) 顺序　　　(C) 折半　　　(D) 散列

【答】 A。

8.2.3 简答题

1. 有一个 2000 项的表,要采用等分区间顺序查找的分块查找法,问:
(1) 每块的理想长度是多少?
(2) 分成多少块最为理想?
(3) 平均查找长度 ASL 为多少?

(4) 若每块是 20,则 ASL 为多少?

【答】

(1) 理想的块长 d 为 $\sqrt{n}$,即 $\sqrt{2000} \approx 45$(块)。

(2) 设 d 为块长,长度为 n 的表被分成 $b = \left\lceil \dfrac{n}{d} \right\rceil$,故有 $b = \left\lceil \dfrac{n}{d} \right\rceil = \left\lceil \dfrac{2000}{45} \right\rceil = 45$。

(3) 因块查找和块内查找均采用顺序查找法,故

$$\text{ASL} = \frac{b+1}{2} + \frac{d+1}{2} = \frac{45+1}{2} + \frac{45+1}{2} = 46$$

(4) 每块的长度为 20,故 $b = \left\lceil \dfrac{n}{d} \right\rceil = \left\lceil \dfrac{2000}{20} \right\rceil = 100$(块),所以

$$\text{ASL} = \frac{b+1}{2} + \frac{d+1}{2} = \frac{100}{2} + \frac{20}{2} = 61$$

2. 设有一组关键字 $\{19,01,23,14,55,20,84,27,68,11,10,77\}$ 采用散列函数 $H(\text{key}) = \text{key} \% 13$,采用开放地址法的线性探测再散列方法解决冲突,试在 $0 \sim 18$ 的散列地址空间中对该关键字序列构造散列表。

【答】 依题意,$m = 19$,线性探测再散列的下一地址计算公式为:

```
d₁ = H(key)
d_{j+1} = (d_j + 1) % m;
j = 1,2,…
```

其计算函数如下:

```
H(19) = 19 % 13 = 16
H(01) = 01 % 13 = 1
H(23) = 23 % 13 = 10          冲突
H(14) = 14 % 13 = 1
H(14) = 1(1 + 1) % 19 = 2
H(55) = 55 % 13 = 3
H(20) = 20 % 13 = 7
H(84) = 84 % 13 = 6           冲突
H(84) = (6 + 1) % 19 = 7      仍冲突
H(84) = (7 + 1) % 19 = 8
H(27) = 27 % 13 = 1           冲突
H(27) = (1 + 1) % 19 = 2      冲突
H(27) = (2 + 1) % 19 = 3      仍冲突
H(27) = (3 + 1) % 19 = 4
H(68) = 68 % 13 = 3           冲突
H(68) = (3 + 1) % 19 = 4      仍冲突
H(68) = (3 + 1) % 19 = 5
H(11) = 11 % 13 = 11
H(10) = 10 % 13 = 10          冲突
H(10) = (10 + 1) % 19 = 11    仍冲突
H(10) = (11 + 1) % 19 = 12
H(77) = 77 % 13 = 12          冲突
H(77) = (12 + 1) % 19 = 13
```

因此,各关键字的记录对应的地址分配如下:

0	1	2	3	4	5	6	7	8	9	10	11	12	13	14	15	16	17	18
	01	14	55	27	68	19	20	84		23	11	10	77					

3. 线性表的关键字集合{87,25,310,08,27,132,68,95,187,123,70,63,47},已知散列函数 $H(\text{key})=\text{key}\%13$,采用拉链法解决冲突,设计出链表结构,并计算该表的成功查找的平均查找长度 ASL。

【答】 依题意,得到:

H(87) = 87 % 13 = 9
H(25) = 25 % 13 = 12
H(310) = 310 % 13 = 11
H(08) = 08 % 13 = 8
H(27) = 27 % 13 = 1
H(132) = 132 % 13 = 2
H(68) = 68 % 13 = 3
H(95) = 95 % 13 = 4
H(187) = 187 % 13 = 5
H(123) = 123 % 13 = 6
H(70) = 70 % 13 = 5,冲突
H(63) = 63 % 13 = 11,冲突
H(47) = 47 % 13 = 8,冲突

采用拉链法处理冲突的链接表如图 8.1 所示,查找成功的平均查找长度为:

$$\text{ASL}=(1\times10+2\times3)/13=16/13=1\frac{3}{13}$$

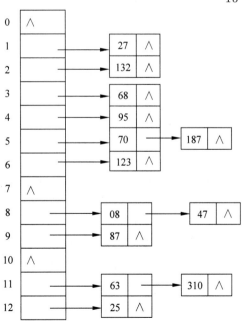

图 8.1 采用拉链法处理冲突的链接表

8.2.4 算法设计题

1. 设计一个算法,利用折半查找算法在一个有序表中插入一个元素 x,并保持表的有序性。

【答】 先在有序表 r 中利用折半查找算法查找关键字值等于或小于 x 的结点,mid 指向正好等于 x 的结点,或 low 指向关键字正好大于 x 的结点,然后采用移动法插入 x 结点即可。算法如下:

```
void bininsert(sqlist r, int x, int n)
 {
  int low = 0, high = n - 1, mid, inplace, i, find = 0;
  while (low < = high && ! find)
   {
    mid = (low + high) / 2;
    if (x < r[mid].key)
      high = mid - 1;
    else if (x > r[mid].key)
      low = mid + 1;
    else
    {
      i = mid;
      find = 1;
    }
   }
  if (find)
    inplace = mid;               //在 mid 所指的结点之前插入 x 结点
  else
    inplace = low;               //此时 low 所指的关键字正好大于 x,即在该结点之前插入 x 结点
  for (i = n; I > = inplace; i-- )   //采用移动法插入 x 结点
  r[i + 1].key = r[i].key;
  r[inplace].key = x;
 }
```

2. 设给定的散列表存储空间为 $H(1 \sim m)$,每个 $H(i)$ 单元可存放一个记录,$H[i](1 \leqslant i \leqslant m)$ 的初值为 NULL,选取的散列函数 $H(R. \text{key})$ 为 R 记录的关键字,解决冲突方法为线性探测法,编写一个函数将某记录 R 填入散列表 H 中。

【答】 为了简单,只考虑记录仅包含一个 key 域的情况,先计算地址 $H(R. \text{key})$,若无冲突 ,则直接填入;否则利用线性探测法得出下一个地址:

$$d_1 = H(\text{key})$$

$$d_{j+1} = (d_j + 1) \% (m + 1); \qquad j = 1, 2, \cdots$$

直到找到一地址为 NULL,然后再填入。算法如下:

```
void hash()
  {
   int I,j;
   j = H[R.key];
   if (H[j] = = NULL)
     H[j] = R.key;
   else
     {
       do {
           j = (j + 1) % (m + 1);
         }while (H[j] = NULL);
       H[j] = R.key;
     }
  }
```

3. 假设按如下方法在有序的线性表中查找 x：先将 x 与表中的第 $4j(j=1,2,\cdots)$ 项进行比较，若相等，则查找成功；否则由某次比较求得比 x 大的一项 $4k$，之后继而和 $4k-2$ 项进行比较，然后和 $4k-3$ 或 $4k-1$ 项进行比较，直到查找成功。写出实现算法。

【答】 根据题中给定的算法得到函数如下：

```
void find(int a[],int x, int n)
{
  int i = 1,k = n/4,found = 0;
  while (i < = k && ! found)//x 与 a[1],a[2],a[3],a[4]比较
    if (a[4 * i] = = x)
        found = 1;
    else if (x < a[4 * i])
    {
      if (x = = a[4 * i - 2])
        found = 1;
      else if (x < a[4 * i - 2])
      {
        if (x = = a[4 * i - 1])
          found = 1;
      }
      else if(x = = a[4 * i - 3])
          found = 1;
    }
    else i++ ;// x 与 a[4k + 1],a[4k + 2],…,a[4k + j]比较
    j = k % 4;
    for (i = 1;i < = j;i++ )
        if (x = = a[4 * k + j])
            found = 1;
  if (found)
    printf("查找成功");
  else
    printf("查找不成功");
}
```

4. 设计一个算法,求出指定结点在给定二叉排序树中的层次。

【答】 设二叉排序树采用二叉存储结构。采用二叉排序树非递归查找算法,用 n 保存查找层次。算法如下:

```
int level(Btree * bt,Btree * p)
{
    int n = 0;
    Btree * t = bt;
    If   (bt! = NULL)
  {
    n++ ;
    while (t - > data! = p - > data)
      {
        if (t - > data = p - > data)
          t = t - > rchild;              //在右子树中查找
        else
          t = t - > lchild;              //在左子树中查找
        n++ ;                           //层数加 1
      }
    return n;
  }
}
```

第9章 排　序

本章要点

◇ 各种排序算法

◇ 排序算法的稳定性

◇ 排序算法的效率

本章学习目标

◇ 掌握各种排序算法的基本思想

◇ 了解排序算法效率的评价方法

◇ 掌握排序算法稳定性的评价方法

9.1　学习指导

9.1.1　基本知识点

排序：根据记录关键字的递增或递减关系将一组记录的次序重新排列。

排序方法的稳定性：在待排序的文件中,若存在多个关键字相同的记录,经过排序后这些具有相同关键字的记录之间的相对次序保持不变,则称该排序方法是稳定的；若具有相同关键字的记录之间的相对次序发生变化,则称该排序方法是不稳定的。

排序方法的分类有以下两种：

(1) 按是否涉及数据的内、外存交换分为外排序、内排序。

(2) 按策略划分内部排序分为插入排序、选择排序、交换排序、归并排序和基数排序等。

排序算法性能评价：(1)执行算法所需的时间；(2)执行算法所需的辅助空间。

9.1.2　要点分析

各种排序方法的比较如表 9.1 所示。

表 9.1　各种排序方法的比较

排序方法	最好时间	最坏时间	平均时间	辅助空间	稳定性
直接插入	$O(n)$	$O(n^2)$	$O(n^2)$	$O(1)$	稳定
简单选择	$O(n^2)$	$O(n^2)$	$O(n^2)$	$O(1)$	不稳定

排序方法	最好时间	最坏时间	平均时间	辅助空间	稳定性
冒泡排序	$O(n)$	$O(n^2)$	$O(n^2)$	$O(1)$	稳定
希尔排序	—	—	$O(n^{1+a})$	$O(1)$	不稳定
快速排序	$O(n\log_2 n)$	$O(n^2)$	$O(n\log_2 n)$	$O(n\log_2 n)$	不稳定
堆排序	$O(n\log_2 n)$	$O(n\log_2 n)$	$O(n\log_2 n)$	$O(1)$	不稳定
归并排序	$O(n\log_2 n)$	$O(n\log_2 n)$	$O(n\log_2 n)$	$O(n)$	稳定
基数排序	$O(d(n+r))$	$O(d(n+r))$	$O(d(n+r))$	$O(n+r)$	稳定

选取排序方法时需要考虑的因素有：

(1) 待排序的记录数目。

(2) 记录本身信息量的大小。

(3) 关键字的结构及其分布情况。

(4) 对排序稳定性的要求。

(5) 语言工具的条件、辅助空间的大小。

9.2 习题参考解答

9.2.1 选择题

1. 若对 n 个元素进行直接插入排序，在进行第 i 趟排序时，假定元素 $r[i+1]$ 的插入位置为 $r[j]$，则需要移动元素的次数为(　　)。

(A) $j-i$ 　　　(B) $i-j-1$ 　　　(C) $i-j$ 　　　(D) $i-j+1$

【答】 D。

2. 在对 n 个元素进行冒泡排序的过程中，至少需要(　　)趟才能完成。

(A) 1 　　　(B) n 　　　(C) $n-1$ 　　　(D) $\lfloor n/2 \rfloor$

【答】 A。

3. 在对 n 个元素进行快速排序的过程中，若每次划分得到的左、右两个子区间中元素的个数相等或只差一个，则整个排序过程得到的含两个或两个元素的区间个数大致为(　　)。

(A) n 　　　(B) $\lfloor n/2 \rfloor$ 　　　(C) $\lfloor \log_2 n \rfloor$ 　　　(D) $2n$

【答】 B。

4. 在对 n 个元素进行直接选择排序的过程中，在第 i 趟需要从(　　)个元素中选择出最小值元素。

(A) $n-i+1$ 　　　(B) $n-i$ 　　　(C) i 　　　(D) $i+1$

【答】 A。

5. 若对 n 个元素进行堆排序，则在构成初始堆的过程中需要进行(　　)次筛运算。

(A) 1 　　　(B) $\lfloor n/2 \rfloor$ 　　　(C) n 　　　(D) $n-1$

【答】 B。

6. 假定对元素序列(7,3,5,9,1,12)进行堆排序,并且采用小根堆,则由初始数据构成的初始堆为( )。

(A) 1,3,5,7,9,12　　　　　　　　(B) 1,3,5,9,7,12

(C) 1,5,3,7,9,12　　　　　　　　(D) 1,5,3,9,12,7

【答】 B。

7. 若对 n 个元素进行归并排序,则进行归并的趟数为( )。

(A) n　　　　(B) $n-1$　　　　(C) $\lceil n/2 \rceil$　　　　(D) $\lceil \log_2 n \rceil$

【答】 D。

8. 若一个元素序列基本有序,则选用( )方法较快。

(A) 直接插入排序　　　　　　　　(B) 直接选择排序

(C) 堆排序　　　　　　　　　　　(D) 快速排序

【答】 A。

9. 若要从 1000 个元素中得到 10 个最小值元素,最好采用( )方法。

(A) 直接插入排序　　　　　　　　(B) 直接选择排序

(C) 堆排序　　　　　　　　　　　(D) 快速排序

【答】 B。

10. 在平均情况下速度最快的排序方法为( )。

(A) 直接选择排序　　　　　　　　(B) 归并排序

(C) 堆排序　　　　　　　　　　　(D) 快速排序

【答】 D。

9.2.2 填空题

1. 每次从无序子表中取出一个元素,把它插入有序子表中的适当位置,此种排序方法叫做_____排序;每次从无序子表中挑选出一个最小或最大元素,把它交换到有序表的一端,此种排序方法叫做_____排序。

【答】 插入、选择。

2. 在堆排序过程中,对任一分支结点进行筛运算的时间复杂度为_____,整个堆排序过程的时间复杂度为_____。

【答】 $O(\log_2 n)$、$O(n\log_2 n)$。

3. 快速排序在平均情况下的空间复杂度为_____,在最坏情况下的空间复杂度为_____。

【答】 $O(n\log_2 n)$、$O(n^2)$。

4. 对 20 个记录进行归并排序时,共需要进行_____趟归并,在第三趟归并时是把长度为_____的有序表两两归并为长度为_____的有序表。

【答】 5、4、8。

5. 若对一组记录(46,79,56,38,40,80,35,50,74)进行直接插入排序,当把第8个记录插入前面已排序的有序表时,为寻找插入位置需比较_____次。

【答】 4。

6. 若对一组记录(46,79,56,38,40,80,35,50,74)进行直接选择排序,用 k 表示最小值元素的下标,进行第一趟时 k 的初值为1,则在第一趟选择最小值的过程中,k 的值被修改_____次。

【答】 2。

7. 若对一组记录(76,38,62,53,80,74,83,65,85)进行堆排序,已知除第一个元素外,以其余元素为根的结点都已是堆,则对第一个元素进行筛运算时,它将最终被筛到下标为_____的位置。

【答】 8。

8. 假定一组记录为(46,79,56,64,38,40,84,43),在冒泡排序的过程中进行第一趟排序时,元素79将最终下沉到其后第_____个元素的位置。

【答】 4

9. 假定一组记录为(46,79,56,38,40,80),对其进行归并排序的过程中,第二趟归并后的结果为_____。

【答】 [38 46 56 79][40 80]

10. 在所有排序方法中,_____排序方法采用的是二分法的思想。

【答】 快速。

9.2.3 应用题

1. 以关键字序列(265,301,751,129,937,863,742,694,076,438)为例,分别写出执行以下排序算法的各趟排序结束时关键字序列的状态。

(1) 直接插入排序 (2) 希尔排序 (3) 冒泡排序 (4) 快速排序

(5) 直接选择排序 (6) 堆排序 (7) 归并排序 (8) 基数排序

上述方法中,哪些是稳定的排序?哪些是非稳定的排序?对不稳定的排序试举出一个不稳定的实例。

【答】 (1) 直接插入排序(方括号表示无序区)

初始态:[265 301 751 129 937 863 742 694 076 438]

第一趟:265 301 [751 129 937 863 742 694 076 438]

第二趟:265 301 751 [129 937 863 742 694 076 438]

第三趟:129 265 301 751 [937 863 742 694 076 438]

第四趟:129 265 301 751 937 [863 742 694 076 438]

第五趟:129 265 301 751 863 937 [742 694 076 438]

第六趟:129 265 301 742 751 863 937 [694 076 438]

第七趟:129 265 301 694 742 751 863 937 [076 438]

第八趟：076 129 265 301 694 742 751 863 937 [438]

第九趟：076 129 265 301 438 694 742 751 863 937

(2) 希尔排序(增量为 5,3,1)

初始态：265 301 751 129 937 863 742 694 076 438

第一趟：265 301 694 076 438 863 742 751 129 937

第二趟：076 301 129 265 438 694 742 751 863 937

第三趟：076 129 265 301 438 694 742 751 863 937

(3) 冒泡排序(方括号为无序区)

初始态：[265 301 751 129 937 863 742 694 076 438]

第一趟：076 [265 301 751 129 937 863 742 694 438]

第二趟：076 129 [265 301 751 438 937 863 742 694]

第三趟：076 129 265 [301 438 694 751 937 863 742]

第四趟：076 129 265 301 [438 694 742 751 937 863]

第五趟：076 129 265 301 438 [694 742 751 863 937]

第六趟：076 129 265 301 438 694 742 751 863 937

(4) 快速排序(方括号表示无序区,层表示对应的递归树的层数)

初始态：[265 301 751 129 937 863 742 694 076 438]

第二层：[076 129] 265 [751 937 863 742 694 301 438]

第三层：076 [129] 265 [438 301 694 742] 751 [863 937]

第四层：076 129   265 [301] 438 [694 742] 751 863 [937]

第五层：076 129   265 301 438 694 [742] 751 863 937

第六层：076 129   265 301 438 694 742 751 863 937

(5) 直接选择排序(方括号为无序区)

初始态：[265 301 751 129 937 863 742 694 076 438]

第一趟：076 [301 751 129 937 863 742 694 265 438]

第二趟：076 129 [751 301 937 863 742 694 265 438]

第三趟：076 129 265[301 937 863 742 694 751 438]

第四趟：076 129 265 301 [937 863 742 694 751 438]

第五趟：076 129 265 301 438 [863 742 694 751 937]

第六趟：076 129 265 301 438 694 [742 751 863 937]

第七趟：076 129 265 301 438 694 742 [751 863 937]

第八趟：076 129 265 301 438 694 742 751 [863 937]

第九趟：076 129 265 301 438 694 742 751 863 937

(6) 堆排序(通过画二叉树可以一步步得出排序结果)

初始态：   [265 301 751 129 937 863 742 694 076 438]

建立初始堆：   [937 694 863 265 438 751 742 129 075 301]

第一次排序重建堆：[863 694 751 765 438 301 742 129 075] 937

第二次排序重建堆：[751 694 742 265 438 301 075 129] 863 937

第三次排序重建堆：[742 694 301 265 438 129 075] 751 863 937

第四次排序重建堆：[694 438 301 265 075 129] 742 751 863 937

第五次排序重建堆：[438 265 301 129 075] 694 742 751 863 937

第六次排序重建堆：[301 265 075 129] 438 694 742 751 863 937

第七次排序重建堆：[265 129 075] 301 438 694 742 751 863 937

第八次排序重建堆：[129 075]265　301 438 694 742 751 863 937

第九次排序重建堆：075 129 265 301 438 694 742 751 863 937

(7) 归并排序(为了表示方便,采用自底向上的归并,方括号为有序区)

初始态：[265] [301] [751] [129] [937] [863] [742] [694] [076] [438]

第一趟：[265 301] [129 751] [863 937] [694 742] [076 438]

第二趟：[129 265 301 751] [694 742 863 937] [076 438]

第三趟：[129 265 301 694 742 751 863 937] [076 438]

第四趟：[076 129 265 301 438 694 742 751 863 937]

(8) 基数排序(方括号内表示一个箱子,共有 10 个箱子,箱号从 0 到 9)

初始态：265 301 751 129 937 863 742 694 076 438

第一趟：[] [301 751] [742] [863] [694] [265] [076] [937] [438] [129]

第二趟：[301] [] [129] [937 438] [742] [751] [863 265] [076] [] [694]

第三趟：[075] [129] [265] [301] [438] [] [694] [742 751] [863] [937]

在上面的排序方法中,直接插入排序、冒泡排序、归并排序和基数排序是稳定的,其他排序算法均是不稳定的,现举实例如下：

希尔排序：[8,1,10,5,6,8]

快速排序：[2,2,1]

直接选择排序：[2,2,1]

堆排序：[2,2,1]

2. 判别下列序列是否为堆(小根堆或大根堆),若不是,则将其调整为堆。

(1) (100,86,73,35,39,42,57,66,21)

(2) (12,70,33,65,24,56,48,92,86,33)

(3) (103,97,56,38,66,23,42,12,30,52,06,20)

(4) (05,56,20,23,40,38,29,61,35,76,28,100)

【答】 (1) 此序列不是堆,经调整后成为大根堆：

(100,86,73,66,39,42,57,35,21)

(2) 此序列不是堆,经调整后成为小根堆：

(12,24,33,65,33,56,48,92,86,70)

（3）此序列是一大根堆。

（4）此序列不是堆，经调整后成为小根堆：

(05,23,20,35,28,38,29,61,56,76,40,100)

9.2.4 算法设计题

1. 一个线性表中的元素为正整数或负整数，设计一个算法，将正整数和负整数分开，使线性表的前部为负整数，后部为正整数，不要求对它们排序，但要求尽量减少交换次数。

【答】

```
void ReSort(SeqList R)
  {//重排数组,使负值关键字在前
    int i = 1,j = n;                          //数组存放在 R[1..n]中
    while (i < j)                             //i < j 表示尚未扫描完毕
    { while(i < j&&R[i].key < 0)             //遇到负数则继续扫描
      i++;
    while(i < j&&R[j].key >= 0)              // 遇到正数则继续向左扫描
      j--;
      R[0] = R[i];                           //R[0]为辅助空间
      R[i++] = R[j];R[j--] = R[0];           //交换当前两个元素并移动指针
    }//endwhile
  }//ReSort
```

本算法在任何情况下的比较次数均为 n，交换次数少于 $n/2$，总的来说，时间复杂度为 $O(n)$。

2. 编写一个直接插入排序算法，使得查找插入位置时不是采用顺序的方法而是采用二分的方法。

【答】

```
void BinInsSort(SeqList R)
  {//二分插入排序
    int i,j,low,high;
    for(i = 2;i <= n;i++)
      {low = 1;high = i - 1;R[0] = R[i];      //low、high 表示比较范围的上下限
        while(low <= high)                     //查找插入位置
          {mid = (low + high)/2;
          if(R[mid].key > R[0].key)
          high = mid - 1;                      //重新确定上限
            else
              low = mid + 1;                   //重新确定下限
          }//endwhile
    for(j = i - 1;j >= low;j--)
    R[j + 1] = R[j];                           //记录后移
    R[j] = R[0];                               //插入
```

```
    }//endfor
  } //BinInsSort
```

3. 以单链表为存储结构,写一个直接选择排序算法。

【答】

```
#define int KeyType              //定义 KeyType 为 int 型
typedef struct node{
    KeyType key;                 //关键字域
    OtherInfoType info;          //其他信息域
    struct node * next;          //链表中指针域
            }RecNode;            //记录结点类型
typedef RecNode * LinkList ;     //单链表用 LinkList 表示


void selectsort(linklist head)   //head 为带头结点的单链表的头指针
{ RecNode * p, * q, * s;
  if(head->next)&&(head->next->next)   // 链表为空或链表中仅有 1 个结点不需排序
  {p=head->next;                //p指向当前已排好序的最大元素的前驱
    while (p->next)
    {q=p->next;s=p;
      while(q)
      {if (q->key<s->key)
        s=q;
        q=q->next;
      }//endwhile
    交换 s 结点和 p 结点的数据;
    p=p->next;
    }//endwhile
  }//endif
}//selectsort
```

4. 写一个堆删除算法：$HeapDelete(R,i)$,将 $R[i]$ 从堆中删去,并分析算法时间(提示：先将 $R[i]$ 和堆中最后一个元素交换,并将堆长度减 1,然后从位置 i 开始向下调整,使其满足堆的性质)。

【答】

```
typedef int KeyType;            //定义 KeyType 为 int 型
typedef struct node{
    KeyType key;                //关键字域
    OtherInfoType info;         //其他信息域
                }RecNode;       //记录结点类型
#define maxsize 1000            //假定的顺序表的最大长度
typedef struct {
    RecNode data[maxsize];
    Int length;                //表中记录个数
```

```
                    }seqlist;              //顺序表类型

void HeapDelete(seqlist * R,int i)
{//原有堆元素在 R->data[1]~R->data[R->length],
//将 R->data[i]删除,即将 R->data[R->length]放入 R->data[i]中后,
//将 R->length 减 1,再进行堆的调整,
//以 R->data[0]为辅助空间,调整为堆(此处设为大根堆)
int large;//large 指向调整结点的左右孩子中关键字较大者
int low,high;//low 和 high 分别指向待调整堆的第一个和最后一个记录
int j;
if (i > R->length)
  Error("have no such node");
R->data[i].key = R->data[R->length].key;
R->length-- ;R->data[R->length].key=key;//插入新的记录
for(j = i/2;j>0;j--)              //建堆
  {
  low = j;high = R->length;
  R->data[0].key = R->data[low].key;//R->data[low]是当前调整的结点
  for(large = 2 * low;large<= high;large * = 2)
    {//若 large>high,则表示 R->data[low]是叶子,调整结束
    //否则令 large 指向 R->data[low]的左孩子
    if(large<high&&R->data[large].key<R->data[large+1].key)
      large++ ;//若 R->data[low]的右孩子存在
                //且关键字大于左兄弟,则令 large 指向它
    if (R->data[0].key<R->data[large].key)
      { R->data[low].key = R->data[large].key;
      low = large;                //令 low 指向新的调整结点
      }
    else break;                //当前调整结点不小于其孩子结点的关键字,结束调整
    }//endfor
  R->data[low].key = R->data[0].key;//将被调整结点放入最终的位置上
  }//endfor
}//HeapDelete
```

5. 已知两个单链表中的元素递增有序,试写一算法将这两个有序表归并成一个递增有序的单链表。算法应利用原有的链表结点空间。

【答】

```
void mergesort(LinkList la,LinkList lb,LinkList lc)
//LinkList 类型定义同第 3 题,la、lb 为带头结点的单链表的头指针
{ RecNode * p, * q, * s, * r;
  lc = la;
  p = la;//p 是 la 表扫描指针,指向待比较结点的前一位置
  q = lb->next;//q 是 lb 表扫描指针,指向比较的结点
  while(p->next)&&(q)
if (p->next->key<= q->key)
```

```
        p = p -> next;
    else
      {s = q;q = q -> next;
       s -> next = p -> next;p -> n ext = s;//将 s 结点插入 p 结点后
       p = s;}//endwhile
    if (! p -> next)
    p -> next = q;
    free(lb);//释放 lb 表头
  }// mergesort
```

第二篇
数据结构实验

第 10 章　数据结构实验概述

本章要点

◇ 实验教学的目的

◇ 实验教学的主要内容

◇ 实验步骤

◇ 实验报告示例

本章学习目标

◇ 了解数据结构实验教学的目的

◇ 了解数据结构实验的主要内容

◇ 掌握实验的主要步骤

◇ 掌握实验报告的书写方法

10.1　实验教学的目的

　　数据结构课程是计算机和信息管理等相关专业的一门很重要的专业基础课,具有承上启下的地位和作用。当我们用计算机来解决实际问题时,就要涉及数据的表示及数据的处理,而数据表示及数据处理正是数据结构课程的主要研究对象,通过这两方面内容的学习,为后续课程,特别是软件方面的课程打下了厚实的知识基础,同时也提供了必要的技能训练。因此,数据结构课程在计算机应用中具有举足轻重的作用。

　　数据结构课程不仅具有较强的理论性,同时也具有较强的可应用性和实践性,是一门实践性很强的课程,因此要学好数据结构这门课,仅仅通过课堂教学或自学获取理论知识是远远不够的,还必须加强实践,亲自动手上机输入、编辑、调试、运行已有的各种典型算法和(或)自己编写的算法,从成功的经验和失败的教训中得到锻炼,才能够熟练掌握和运用理论知识解决软件开发中遇到的实际问题,真正达到学以致用的目的。

10.2　实验教学的主要内容

　　上机实验是数据结构课程的一个重要教学环节,通过实验,使学生对常用数据结构的基本概念及其不同的实现方法的理论有进一步的掌握,并对在不同存储结构上实现不同的运算方式和技巧有所体会。本实验计划安排以下 6 个实验,约 12 学时。

(1) 线性结构:线性结构的定义、组织形式、结构特征和类型说明,以及线性结构在两种不同存储方式下实现的插入、删除和按值查找等算法。

(2) 栈和队列:栈和队列是运算受限的线性表。实验内容包括栈和队列的基本操作及其应用。

(3) 树形结构:二叉树的二叉链表存储方式、结点结构和类型定义;二叉树的基本运算及应用。

(4) 图形结构:图的两种存储结构(邻接矩阵和邻接表)的表示方法;图的基本运算及应用。

(5) 查找:顺序查找、树表查找、散列表查找的基本思想及存储、运算的实现。

(6) 排序:插入排序、冒泡排序、快速排序、直接选择排序、堆排序、归并排序的基本思想及实现。

10.3 实验步骤

拿到一个题目后,不要急于编程,而是首先要理解题意,明确给定的条件和要求解决的问题,然后按照自顶向下、逐步求精、分而治之的策略,逐一地解决子问题。其具体步骤如下:

1. 问题分析和任务定义

明确问题要求做什么,限制做什么(本步骤强调了解做什么,而不是怎么做)。对问题的描述应避开算法和所涉及的数据类型,而应就要完成的任务做出明确的回答。如输入输出数据的类型、值的范围以及输入的形式。这一步还应该为调试程序准备好测试数据,包括合法的输入数据和非法的输入数据。

2. 数据类型和系统设计

设计这一步骤,又分为逻辑设计和详细设计两步实现。逻辑设计指的是,为问题的描述中涉及的操作对象定义相应的数据类型,并按照以数据结构为中心的原则划分模块,定义主模块和各抽象数据类型。详细设计则为定义相应的存储结构并写出各函数的伪码算法。在这个过程中,要综合考虑系统的功能,使得系统结构清晰、合理、简单和易于调试,抽象数据类型的实现应尽可能做到数据的封装、基本操作的规格说明尽可能地明确和具体。作为逻辑设计的结果,应写出每个抽象数据类型的定义(包括数据结构的描述和每个基本操作的规格说明),以及各个主要模块的算法,并画出模块之间的调用关系图。详细设计的结果是对数据结构和基本操作的规格说明做出进一步的求精,写出数据存储结构的类型定义,按照算法书写规范用类 C 语言写出函数形式的算法框架。

3. 编码实现

编码,即程序设计,是对详细设计结果的进一步求精,即用某种高级语言(如 C 语言)

表达出来。静态检查主要有两条路径,一是用一组测试数据手工执行程序(或分模块进行);二是通过阅读或给别人讲解自己的程序而深入全面地理解程序逻辑,在这个过程中尽量多加一些注释语句,使程序清晰易懂;也应尽量临时增加一些输出语句,以便于程序调试,在程序调试成功后可再删除这些注释。

4. 上机调试

调试最好分模块进行,自底向上,即先调试底层函数模块,必要时可以另写一个调用函数。表面上看起来,这样做似乎麻烦了一些,但实际上却可以大大降低调试时所面临的复杂性,提高工作效率。

5. 书写实验报告

上机实验是本课程的一个重要教学环节,一般情况下学生能够予以重视,对于上机练习编写程序具有一定的积极性,但是容易忽略实验的总结,忽略实验报告的撰写。为了培养和训练学生的分析综合能力、书面表达能力,为以后进一步撰写科学实验报告以及科技论文做好前期准备,必须重视总结和整理实习报告这一环节。在上机实验之前要充分准备实验数据,在上机实践过程中要及时记录实验数据,在上机实践完成之后必须及时总结分析,写出实验报告。

对于较小规模的上机实验题,其实验报告的书写一般包括下列内容:

(1)班级、学号、姓名、日期。

(2)题目:内容叙述。

(3)程序清单(带有必要的注释)。

(4)调试报告。

实验者必须重视书写实验报告这一环节,否则等同于没有完成实验任务。实验报告最能体现个人特色或创造性思维。其具体内容包括:测试数据与运行记录;调试中遇到的主要问题,自己是如何解决的;经验和体会等。

对于阶段性的较大规模的上机实验题,其实验报告的书写一般包括下列内容:

(1)需求和规格说明:描述问题,简述题目要解决的问题是什么,规定软件做什么,原题条件不足时补全。

(2)设计。具体包括以下三项:

① 设计思想:存储结构(题目中限定的要描述);主要算法思想。

② 设计表示:每个函数的头和规格说明;列出每个函数所调用和被调用的函数,也可以通过调用关系图表示。

③ 实现注释:各项功能的实现程度、在完成基本要求的基础上还有什么功能。

(3)用户手册:使用说明。

(4)调试报告:调试过程中遇到的主要问题及解决办法;设计的回顾、讨论和分析;时间复杂度、空间复杂度分析;改进设想;经验和体会等。

实验报告规范如下：

实 验 题 目

一、需求分析

1. 程序的功能。

2. 输入输出的要求。

3. 测试数据。

二、概要设计

1. 本程序所用的数据类型的定义。

2. 主程序的流程及各程序模块之间的层次关系。

三、详细设计

1. 采用 C 语言定义相关的数据类型。

2. 写出各模块的伪码算法。

3. 画出函数的调用关系图。

四、调试分析

1. 调试中遇到的问题及解决方法。

2. 算法的时间复杂度和空间复杂度。

五、使用说明及测试结果

六、源程序(带注释)

10.4 实验报告示例

班级：_____ 学号：_____ 姓名：_____ 日期：_____

1. 实验题目

编制一个程序，用来演示单链表的建立、插入、删除、查找等操作。

2. 需求分析

本演示程序在 TC2.0 环境下编写调试，完成单链表的生成、任意位置的插入、删除以及查找某一元素在单链表中的位置。

（1）输入的形式和输入值的范围：执行插入操作时，需要输入插入的位置和元素的值；执行删除操作时，需要输入待删除元素的位置；执行查找操作时，需要输入待查找元素的值。在所有输入中，元素的值都是整数。

（2）输出的形式：在所有操作中都要求显示相关操作是否正确以及操作后单链表的内容。其中删除操作完成后，要显示删除的元素的值；查找操作完成后，若找到待查找元素，则显示该元素在单链表中的位置，反之，给出 Cannot find! 信息。

（3）程序所能达到的功能：完成单链表的生成（通过插入操作）、插入、删除、查找操作。

（4）测试数据：

① 插入操作中依次输入 11、12、13、14、15、16，生成一个单链表。

② 查找操作中依次输入 12、15、22，返回这 3 个元素在单链表中的位置。

③ 删除操作中依次输入 2、5，删除位于 2 和 5 的元素。

3. 概要设计

（1）为了实现上述程序功能，需要定义单链表的数据结构。单链表的结点结构除数据域外，还含有一个指针域，如图 10.1 所示。

图 10.1　单链表的结点结构示意图

（2）本程序包含 7 个函数：

① 主函数 main()。

② 初始化单链表函数 InitLinkList()。

③ 显示操作菜单函数 menu()。

④ 显示单链表内容函数 DispLinkList()。

⑤ 插入元素函数 InsLinkList()。

⑥ 删除元素函数 DelLinkList()。

⑦ 查找元素函数 LocLinkList()。

各函数间的关系如图 10.2 所示。

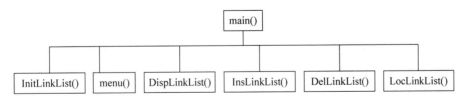

图 10.2　程序所包含各函数之间的关系

4. 详细设计

实现概要设计中定义的所有的数据类型，对每个操作给出伪码算法；对主程序和其他模块也都需要写出伪码算法。

（1）结点类型和指针类型。用 C 语言描述如下：

```
typedef int elemtype;        //数据元素为整数
typedef struct node
{ elemtype data;             //数据域
  struct node * next;        //指针域
    }linklist;
```

（2）单链表的基本操作。为了方便，在单链表中设头结点，其 data 域没有意义。

```
bool InitLinkList(LinkList &L)
   (伪码算法)
void DispLinkList(LinkList L)
   (伪码算法)
void menu()
    (伪码算法)
bool InsLinkList(LinkList &L,int pos,int e)
    (伪码算法)
bool DelLinkList(LinkList &L,int pos,int &e)
    (伪码算法)
int LocLinkList(LinkList L,int e)
    (伪码算法)
```

（3）其他模块伪码算法。

5. 调试分析

（略）

6. 使用说明

程序名为 LinkList. exe,运行环境为 DOS。程序执行后显示：

```
======================
0 ---- EXIT
1 ---- INSERT
2 ---- DELETE
3 ---- LOCATE
======================
Please Select(0—3):
```

在 Please Select(0—3):后输入数字选择执行不同的功能。要求首先输入足够多的插入元素,才可以进行其他的操作。每执行一次功能,就会显示执行的结果(正确或错误)以及执行后单链表的内容。

选择 0：退出程序。

选择 1：显示 INSERT pos,e＝,要求输入要插入的位置和元素的值(都是整数)。

选择 2：显示 DELETE pos＝,要求输入要删除元素的位置,执行成功后返回元素的值。

选择 3：显示 LOCATE e＝,要求输入要查找元素的值,执行成功后返回元素在表中的位置。

7. 测试结果

(1) 建立单链表。

选择 1, 分别输入 (0, 11)、(0, 12)、(0, 13)、(0, 14)、(0, 15), 得到单链表 (15, 14, 13, 12, 11)。

(2) 插入。

选择 1 输入 (1, 100), 得到单链表 (15, 100, 14, 13, 12, 11)。

选择 1 输入 (−1, 2), 显示插入位置错误。

选择 1 输入 (7, 2), 显示插入位置错误。

选择 1 输入 (6, 2), 得到单链表 (15, 100, 14, 13, 12, 11, 2)。

(3) 删除。

选择 2, 输入 1, 返回 e=100, 得到单链表 (15, 14, 13, 12, 11, 2)。

选择 2, 输入 0, 返回 e=15, 得到单链表 (14, 13, 12, 11, 2)。

选择 2, 输入 4, 返回 e=2, 得到单链表 (14, 13, 12, 11)。

选择 2, 输入 5, 返回输入错误。

(4) 查找。

选择 3, 输入 14, 返回 pos=0。

选择 3, 输入 100, 返回 Cannot find!。

第11章　数据结构实验安排

本章要点

◇ 线性表的实验

◇ 栈和队列的实验

◇ 树和二叉树的实验

◇ 图的实验

◇ 查找的实验

◇ 排序的实验

本章学习目标

◇ 掌握顺序表和链表的基本操作与实现方法

◇ 掌握栈和队列的基本操作与实现方法

◇ 掌握二叉树的基本操作与实现方法

◇ 掌握图的基本操作与实现方法

◇ 掌握常用的查找方法及其应用

◇ 掌握常用的排序方法及其应用

11.1　线性表(实验1)

一、实验目的

1. 了解线性表的逻辑结构特性,以及这种特性在计算机内的两种存储结构。

2. 掌握线性表的顺序存储结构的定义及其 C 语言实现。

3. 掌握线性表的链式存储结构——单链表的定义及其 C 语言实现。

4. 掌握线性表在顺序存储结构即顺序表中的各种基本操作。

5. 掌握线性表在链式存储结构——单链表中的各种基本操作。

二、实验要求

1. 认真阅读和掌握本实验的程序。

2. 上机运行本程序。

3. 保存和打印出程序的运行结果,并结合程序进行分析。

4. 按照对顺序表和单链表的操作需要,重新改写主程序并运行,打印出文件清单和运行结果。

三、实验内容

实验1.1 顺序表的操作

请编制 C 程序,利用顺序存储方式来实现下列功能:根据键盘输入数据建立一个线性表,并输出该线性表;然后根据屏幕菜单的选择,可以进行数据的插入、删除、查找,并在插入或删除数据后,再输出线性表;最后在屏幕菜单中选择 0,即可结束程序的运行。

分析:当我们要在顺序表的第 i 个位置上插入一个元素时,必须先将线性表的第 i 个元素之后的所有元素依次后移一个位置,以便腾空一个位置,再把新元素插入到该位置。当要删除第 i 个元素时,也只需将第 i 个元素之后的所有元素前移一个位置。

算法描述:对每一个算法,都要写出算法的中文描述。本实验中要求分别写出在第 i 个(从 1 开始计数)结点前插入数据为 x 的结点、删除指定结点、创建一个线性表、打印线性表等的算法描述。

【参考程序清单】

```
# include < stdio. h >
# include < stdlib. h >
# define MAXSIZE 20              /* 数组最大界限 */
typedef int ElemType;           /* 数据元素类型 */
typedef   struct
  { ElemType   a[MAXSIZE];       /* 一维数组子域 */
    int   length;               /* 表长度子域   */
  }SqList;                      /* 顺序存储的结构体类型 */
SqList   a,b,c;

/*  函数声明 */
void creat_list(SqList * L);
void out_list(SqList L);
void insert_sq(SqList * L,int i,ElemType e);
ElemType delete_sq(SqList * L,int i);
int locat_sq(SqList L,ElemType e);

/*  主函数  */
void main()
{ int i,k,loc; ElemType e,x; char ch;
  do { printf("\n\n\n");
      printf("\n    1. 建立线性表");
      printf("\n    2. 插入元素");
      printf("\n    3. 删除元素");
```

```
            printf("\n      4. 查找元素");
            printf("\n      0. 结束程序运行");
            printf("\n ===================================== ");
            printf("\n    请输入您的选择(1,2,3,4,0)");
            scanf(" % d",&k);
            switch(k)
         { case 1:{ creat_list(&a);
                  out_list(a);
                } break;
           case 2:{ printf("\n 请输入插入位置(大于等于 1,小于等于 % d): ",a. length + 1);
                   scanf(" % d",&i);
                   printf("\n 请输入要插入的元素值: ");
                   scanf(" % d",&e);
                   insert_sq(&a,i,e);
                   out_list(a);
                 } break;
           case 3:{ printf("\n 请输入要删除元素的位置(大于等于 1,小于等于 % d): ",a. length);
                   scanf(" % d",&i);
                   x = delete_sq(&a,i);
                   out_list(a);
                   if(x! = - 1)printf("\n 删除的元素为: % d\n",x);
                   else printf("要删除的元素不存在!");
                 } break;
           case 4:{ printf("\n 请输入要查找的元素值: ");
                   scanf(" % d",&e);
                   loc = locat_sq(a,e);
                   if (loc == - 1) printf("\n 未找到指定元素!");
                   else printf("\n 已找到,元素位置是 % d",loc);
                 } break;
        } /*   switch   */
      }while(k! = 0);
      printf("\n              按回车键,返回…\n");
      ch = getchar();
   } /*   main   */


/* 建立线性表 */
void creat_list(SqList * L)
{ int i;
   printf("请输入线性表的长度:");
   scanf(" % d",&L - > length);
   for(i = 0;i < L - > length;i++ )
   { printf("数据 % d = ",i);
     scanf(" % d",&(L - > a[i]));
   }
```

```
    } / *   creat_list    * /
/ * 输出线性表 * /
void out_list(SqList L)
{ int i;
   for(i = 0;i < = L.length - 1;i++ ) printf(" % 10d",L.a[i]);
   } / *   out_list    * /


/ *    在线性表的第 i 个位置插入元素 e   * /
void insert_sq(SqList * L,int i,ElemType e)
{ int j;
   if (L - > length == MAXSIZE) printf(" 线性表已满! \n");
   else if(i < 1||i > L - > length + 1)  printf("输入位置错! \n");
      else { for(j = L - > length - 1; j >= i - 1; j-- ) L - > a[j + 1] = L - > a[j];
                                         / * 向后移动数据元素 * /
          L - > a[i - 1] = e;            / * 插入元素        * /
          L - > length++ ;              / * 线性表长加 1 * /
          }
   } / *   insert_sq   * /


/ * 删除第 i 个元素,返回其值 * /
ElemType delete_sq(SqList * L, int i)
{ ElemType x; int j;
   if( L - > length == 0) printf("空表! \n");
   else if(i < 1||i > L - > length){ printf("输入位置错! \n");
                                    x = - 1;}
      else {  x = L - > a[i - 1];
             for(j = i; j < = L - > length - 1; j++ ) L - > a[j - 1] = L - > a[j];
             L - > length-- ;
          }
return(x);
}/ * delete_sq   * /


/ * 查找值为 e 的元素,返回它的位置   * /
int locat_sq(SqList L, ElemType e)
{ int i = 0;
   while(i < = L.length - 1 && L.a[i]!= e) i++ ;
   if(i < = L.length - 1)  return(i + 1);
             else return( - 1);
}/ * locat_sq   * /
```

思考:如果按由表尾至表头的次序输入数据,应如何建立顺序表?

实验 1.2   单链表的操作

请编制 C 程序,利用链式存储方式来实现线性表的创建、插入、删除和查找等操作。
具体地说,就是要根据键盘输入的数据建立一个单链表,并输出该单链表;然后根据屏幕

数据结构实验安排

菜单的选择,可以进行数据的插入或删除,并在插入或删除数据后,再输出单链表;最后在屏幕菜单中选择 0,即可结束程序的运行。

　　算法描述:本实验要求分别写出在带头结点的单链表中第 i(从 1 开始计数)个位置之后插入元素、创建带头结点的单链表、在带头结点的单链表中删除第 i 个位置的元素、顺序输出单链表的内容等的算法描述。

【参考程序清单】

```
# include < stdio. h >
# include < stdlib. h >
# include < math. h >
typedef int ElemType;
typedef   struct LNode
   { ElemType data;                        /*  数据子域       */
     struct LNode * next;                  /*  指针子域       */
   }LNode;                                 /*  结点结构类型   */
LNode  * L;


/*   函数声明   */
LNode  * creat_L();
void   out_L(LNode  * L);
void   insert_L(LNode  * L,int i ,ElemType e);
ElemType delete_L(LNode  * L,int i);
int locat_L(LNode  * L,ElemType e);
/*   主函数   */
void main()
{ int i,k,loc;
  ElemType e,x;
  char ch;
  do { printf("\n");
       printf("\n     1. 建立单链表 ");
       printf("\n      2. 插入元素");
       printf("\n      3. 删除元素");
       printf("\n      4. 查找元素");
       printf("\n      0. 结束程序运行");
       printf("\n ================================== ");
       printf("\n      请输入您的选择 (1,2,3,4,0)");
       scanf(" % d",&k);
       switch(k)
         { case 1:{   L = creat_L();
                      out_L(L);
                  } break;
            case 2:{ printf("\n 请输入插入位置:");
                     scanf(" % d",&i);
```

```
                        printf("\n 请输入要插入元素的值：");
                        scanf(" % d",&e);
                        insert_L(L,i,e);
                        out_L(L);
                        } break;
                case 3:{printf("\n 请输入要删除元素的位置：");
                        scanf(" % d",&i);
                        x = delete_L(L,i);
                        out_L(L);
                        if(x! = - 1)
                        {printf("\n 删除的元素为：% d\n",x);
                         printf("删除 % d 后的单链表为：\n",x);
                         out_L(L);
                        }
                        else printf("\n 要删除的元素不存在!");
                            } break;
                case 4:{ printf("\n 请输入要查找的元素值：");
                        scanf(" % d",&e);
                        loc = locat_L(L,e);
                        if (loc == - 1) printf("\n 未找到指定元素!");
                        else printf("\n 已找到,元素位置是 % d",loc);
                        } break;
        } / *   switch   * /
        printf("\n ---------------- ");
        }while(k > = 1 && k < 5);
        printf("\n        按回车键,返回···\n");
        ch = getchar();
} / * main * /


/ *   建立线性链表   * /
LNode * creat_L()
{ LNode * h, * p, * s;   ElemType x;
  h = (LNode * )malloc(sizeof(LNode));          / * 分配头结点 * /
  h - > next = NULL;
  p = h;
  printf("\n 请输入第一个数据元素：");
  scanf(" % d",&x);                            / *   输入第一个数据元素 * /
  while( x! = - 999)                           / *   输入 - 999,结束循环 * /
    { s = (LNode * )malloc(sizeof(LNode));      / *   分配新结点 * /
    s - > data = x;   s - > next = NULL;
    p - > next = s;   p = s;
    printf("请输入下一个数据：(输入 - 999 表示结束。)");
    scanf(" % d",&x);                          / * 输入下一个数据 * /
    }
  return(h);
```

```
} / *  creat_L   * /

/ *  输出单链表中的数据元素 * /
void out_L(LNode * L)
{ LNode * p;
  p = L - > next;     printf("\n\n");
  while(p! = NULL)
  {  printf(" % 5d",p - > data); p = p - > next;  };
  } / *  out_link  * /

/ *   在第 i 个位置插入元素 e   * /
void insert_L(LNode * L,int i, ElemType e)
{ LNode * s, * p;
  int j;
  p = L;                                    / *  找第 i - 1 个结点   * /
  j = 0;
  while(p! = NULL && j < = i - 1) { p = p - > next; j++ ; }
  if(p == NULL ||i < 1) printf("\n 插入位置错误!");
  else {  s = (LNode  * )malloc(sizeof(LNode));
       s - > data = e;
       s - > next = p - > next;
       p - > next = s;
     }
  } / *  insert_L  * /


/ *  删除第 i 个元素,返回其值 * /
ElemType delete_L(LNode  * L,int i)
 { LNode  * p, * q; int j; ElemType x;
   p = L; j = 0;
   while(p - > next! = NULL && j < i - 1){ p = p - > next; j++ ;}
   if(! p - > next||i < 1) {printf("\n 删除位置错误!"); return( - 1);}
     else { q = p - > next; x = q - > data;
          p - > next = q - > next; free(q);
          return(x);
        }
 } / *  delete_L  * /
/ *   查找值为 e 的元素,返回它的位置   * /
int locat_L(LNode  * L,ElemType e)
{ LNode  * p; int j = 1;
  p = L - > next;
  while(p! = NULL && p - > data! = e) {p = p - > next; j++ ;}
  if(p! = NULL)return(j); else return( - 1);
} / *  locat_L  * /
```

思考：上述单链表的生成采取的是头插法还是尾插法？

四、程序调试及输出结果

五、实验小结

六、选做实验

1. 建立两个带头结点的有序单链表 L_a、L_b（单调递增），利用 L_a、L_b 的结点空间，将 L_a 和 L_b 合并成一个按元素值递增的有序单链表 L_c。

【实现提示】 程序需要 3 个指针：p、q、r，其中 p、q 分别指向 L_a 表、L_b 表的首结点，用 p 遍历 L_a 表，q 遍历 L_b 表，r 指向合并后的新表的最后一个结点（即尾结点），r 的初值指向 L_a 表的头结点。

合并的思想是：先利用前面的实验建立好两个链表 L_a 表和 L_b 表，然后依次扫描 L_a 和 L_b 中的元素，比较当前元素的值，将较小者链接到 *r 之后，如此重复直到 L_a 或 L_b 结束为止，再将另一个链表余下的内容链接到 r 所指的结点之后。

2. 编写算法实现将单链表 L 中值重复的结点删除，使所得结果表中各结点值均不相同。

【实现提示】 首先建立一个单链表，令 p 指针指向所建单链表的第一个结点，令 q 指向 p 的后继结点，q 沿着链表向右（向后）扫描，若找到与 p 所指结点值相同的结点，则将其删除，继续处理，直到 q 为空；然后令 p 移到下一个结点（直接后继结点），q 依然指向 p 的后继结点，重复同样的操作。

3. 对一个已知的单循环链表进行逆置运算，如将 $(a_1, a_2, a_3, \cdots, a_n)$ 变为 $(a_n, a_{n-1}, \cdots, a_2, a_1)$。

链表的逆置运算（或称为逆转运算）是指在不增加新结点的前提下，依次改变数据元素的逻辑关系，使得线性表 $(a_1, a_2, a_3, \cdots, a_n)$ 成为 $(a_n, a_{n-1}, \cdots, a_2, a_1)$。

【实现提示】 先建立一个带头结点的单循环链表，从头到尾扫描单链表 L，把 p 作为活动指针，沿着链表向前移动，q 作为 p 前驱结点，r 作为 q 的前驱结点。其中，q 的 next 值为 r，r 的初值置为 head。

4. 约瑟夫环问题：设有 n 个人围坐成一圈，现从第 s 个人开始报数，数到 m 的人出列，接着从出列的下一个人开始重新报数，数到 m 的人又出列。如此重复下去，直到所有人都出列为止。试设计确定他们出列次序序列的程序。要求选择单向循环链表作为存储结构模拟整个过程，并依次输出出列的各人的编号。

【实现提示】 此题中循环链表可不设头结点，而且必须注意空表和"非空表"的界限。如 $n=8$、$m=4$ 时，若从第一个人开始报数，设每个人的编号依次为 1, 2, 3, … 开始报数，则得到的出列次序为 4 8 5 2 1 3 7 6，如图 11.1 所示，内层数字表示人的编号，每个编号外层的数字代表人出列的序号。

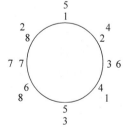

图 11.1 约瑟夫环问题示意图

5. 设计一个一元多项式简单的加(减)法计算器。

要求：一元多项式简单的加(减)法计算器的基本功能为：

(1) 输入并建立多项式。

(2) 输出多项式。

(3) 两个多项式相加(减)，并建立输出多项式。

【实现提示】 可选择带头结点的单向循环链表或单向链表存储多项式。

11.2 栈和队列(实验2)

一、实验目的

1. 了解栈和队列的特性。

2. 掌握栈的顺序表示和实现。

3. 掌握栈的链式表示和实现。

4. 掌握队列的顺序表示和实现。

5. 掌握队列的链式表示和实现。

6. 掌握栈和队列在实际问题中的应用。

二、实验要求

1. 认真阅读和掌握本实验的程序。

2. 上机运行本程序。

3. 保存和打印出程序的运行结果，并结合程序进行分析。

4. 按照对顺序表和单链表的操作需要，重新改写主程序并运行，打印出文件清单和运行结果。

三、实验内容

实验2.1 栈的顺序表示和实现

编写一个程序实现顺序栈的各种基本运算，并在此基础上设计一个主程序，完成如下功能：

(1) 初始化顺序栈。

(2) 插入元素。

(3) 删除栈顶元素。

(4) 取栈顶元素。

(5) 遍历顺序栈。

(6) 置空顺序栈。

【参考程序清单】

```c
#include<stdio.h>
#include<stdlib.h>
#define MAXNUM 20
#define ElemType int
/*定义顺序栈的存储结构*/
typedef struct
{ ElemType stack[MAXNUM];
  int top;
}SqStack;
/*初始化顺序栈*/
void InitStack(SqStack * p)
{   if(! p)
        printf("内存分配失败!");
    p->top=-1;
}
/*入栈*/
void Push(SqStack * p,ElemType x)
{   if(p->top<MAXNUM-1)
    {   p->top=p->top+1;
        p->stack[p->top]=x;
    }
    else
        printf("Overflow! \n");
}
/*出栈*/
ElemType Pop(SqStack * p)
{   ElemType x;
    if(p->top>=0)
    {   x=p->stack[p->top];
        printf("以前的栈顶数据元素%d已经被删除! \n",p->stack[p->top]);
        p->top=p->top-1;
        return(x);
    }
    else
    {   printf("Underflow! \n");
        return(0);
    }
}
/*获取栈顶元素*/
ElemType GetTop(SqStack * p)
{   ElemType x;
    if(p->top>=0)
    {   x=p->stack[p->top]; printf("\n栈顶元素为：%d\n",x);
        return(x);
```

```
        }
    else
    {  printf("Underflow! \n");
        return(0);
    }
}
/ * 遍历顺序栈 * /
void OutStack(SqStack * p)
{   int i;
    printf("\n");
    if(p - > top < 0)
        printf("这是一个空栈!");
        printf("\n");
    for(i = p - > top;i > = 0;i -- )
                printf("第 % d 个数据元素是：% 6d\n",i,p - > stack[i]);
}
/ * 置空顺序栈 * /
void setEmpty(SqStack * p)
{p - > top = - 1;}
/ * 主函数 * /
void main()
{   SqStack * q;
    int cord;ElemType a;
        printf("第一次使用必须初始化! \n");
        do{
        printf("\n");
        printf("\n----------- 主菜单 ------------- \n");
        printf("\n    1      初始化顺序栈       \n");
        printf("\n    2      插入一个元素       \n");
        printf("\n    3      删除栈顶元素       \n");
        printf("\n    4      取栈顶元素         \n");
        printf("\n    5      置空顺序栈         \n");
        printf("\n    6      结束程序运行       \n");
        printf("\n -------------------------------- \n");
        printf("请输入您的选择( 1, 2, 3, 4, 5,6)");
        scanf(" % d",&cord);
        printf("\n");
        switch(cord)
        {  case 1：
                {  q = (SqStack * )malloc(sizeof(SqStack));
                    InitStack(q);
                    OutStack(q);
                }break;
            case 2：
                {  printf("请输入要插入的数据元素：a = ");
```

```
                    scanf(" % d",&a);
                    Push(q,a);
                    OutStack(q);
                }break;
            case 3：
                {  Pop(q);
                    OutStack(q);
                }break;
            case 4：
                {  GetTop(q);
                    OutStack(q);
                }break;
            case 5：
                {  setEmpty(q);
                    printf("\n 顺序栈被置空! \n");
                    OutStack(q);
                }break;
            case 6：
                    exit(0);
        }
    }while (cord < = 6);
}
```

思考：

（1）读栈顶元素的算法与退栈顶元素的算法有何区别？

（2）如果一个程序中要用到两个栈，为了不发生上溢错误，就必须给每个栈预先分配一个足够大的存储空间。若对每个栈都预先分配过大的存储空间，势必会造成系统空间紧张。如何解决这个问题？

实验 2.2　栈的链式表示和实现

编写一个程序实现链栈的各种基本运算，并在此基础上设计一个主程序，完成如下功能：

（1）初始化链栈。

（2）链栈置空。

（3）入栈。

（4）出栈。

（5）取栈顶元素。

（6）遍历链栈。

【参考程序清单】

```
# include "stdio. h"
# include "malloc. h"
# include "stdlib. h"
typedef int Elemtype;
```

```
typedef struct stacknode {
    Elemtype data;
    stacknode * next;
}StackNode;
typedef struct  {
    stacknode * top; //栈顶指针
}LinkStack;
/*初始化链栈*/
void InitStack(LinkStack * s)
{ s->top = NULL;
  printf("\n 已经初始化链栈! \n");
}
/*链栈置空*/
void setEmpty(LinkStack * s)
{ s->top = NULL;
    printf("\n 链栈被置空! \n");
}
/*入栈*/
void pushLstack(LinkStack * s, Elemtype x)
{  StackNode * p;
   p = (StackNode * )malloc(sizeof(StackNode));//建立一个结点
   p->data = x;
   p->next = s->top;                          //由于是在栈顶 pushLstack,因此要指向栈顶
   s->top = p;                                //插入
}
/*出栈*/
Elemtype popLstack(LinkStack * s)
{  Elemtype x;
   StackNode * p;
   p = s->top;                                //指向栈顶
   if (s->top == 0)
   {   printf("\n 栈空,不能出栈! \n");
       return (0);
   //exit(-1);
   }
   x = p->data; printf("\n 当前出栈的数据是：%d",x);
   s->top = p->next;                          //当前的栈顶指向原栈的 next
   free(p);                                   //释放
   return x;
}
/*取栈顶元素*/
Elemtype StackTop(LinkStack * s)
{  Elemtype x;
   if (s->top == 0)
   {  printf("\n 链栈空\n");
```

```c
        return (0);
    }
    {x = s -> top -> data;printf("\n\n 当前链栈的栈顶元素为：% d\n",x);return(x);}
}
/* 遍历链栈 */
void Disp(LinkStack * s)
{   printf("\n 链栈中的数据为：\n");
    printf(" ==================================== \n");
    StackNode * p;
    p = s -> top;
    while (p!= NULL)
    {   printf(" % d\n",p -> data);
        p = p -> next;
    }
    printf(" ==================================== \n");
}
void main()
{   int i,n,a;//int m;
    LinkStack * s;
    s = (LinkStack * )malloc(sizeof(LinkStack));
    int cord;
     printf("第一次使用必须初始化！\n");
    do{   printf("\n");
        printf("\n");
        printf("\n ========= 主菜单 =========== \n");
        printf("\n    1      初始化链栈      \n");
        printf("\n    2      入栈          \n");
        printf("\n    3      出栈          \n");
        printf("\n    4      取栈顶元素     \n");
        printf("\n    5      置空链栈       \n");
        printf("\n    6      结束程序运行    \n");
        printf("\n ========================== \n");
        printf("请输入您的选择（1，2，3，4，5,6)");
        scanf(" % d",&cord);
        printf("\n");
        switch(cord)
        {   case 1：
                {   InitStack(s);
                    Disp(s);
                }break;
            case 2：
                {printf("输入将要压入链栈的数据的个数：n = ");
                scanf(" % d",&n);
                printf("依次将 % d 个数据压入链栈：\n",n);
                for(i = 1;i < = n;i++)
```

```
                    {scanf(" % d",&a);
                    pushLstack(s,a);
                    }
                    Disp(s);
                    }break;
            case 3:
                {   //printf("\n 出栈操作开始! \n");
                    //printf("输入将要出栈的数据个数: m = ");
                    //scanf(" % d",&m);
                    //for(i = 1;i < = m;i ++ )
                    //{printf("\n 第 % d 次出栈的数据是: % d",i,popLstack(s));}
                    popLstack(s);Disp(s);
                    }break;
            case 4:
                {   //printf("\n\n 链栈的栈顶元素为: % d\n",StackTop(s));
                    StackTop(s);printf("\n");
                    }break;
            case 5:
                {   setEmpty(s);
                    Disp(s);
                    }break;
            case 6:
                    exit(0);
            }
        }while (cord < = 6);
    }
```

思考:

(1) 栈的两种存储结构在判别栈空与栈满时,所依据的条件有何不同?

(2) 在程序中同时使用两个以上的栈时,若使用顺序栈共享邻接空间则很难实现,能否通过链栈来方便地实现? 如何实现?

实验 2.3 队列的顺序表示和实现

编写一个程序实现顺序队列的各种基本运算,并在此基础上设计一个主程序,完成如下功能:

(1) 初始化队列。

(2) 建立顺序队列。

(3) 入队。

(4) 出队。

(5) 判断队列是否为空。

(6) 取队头元素。

(7) 遍历队列。

【参考程序清单】

```
# include < stdio.h >
# include < stdlib.h >
# include < malloc.h >
# define MAXNUM 100
# define Elemtype int
# define TRUE 1
# define FALSE 0
typedef struct
{   Elemtype queue[MAXNUM];
    int front;
    int rear;
}sqqueue;
/* 队列初始化 */
int initQueue(sqqueue * q)
{   if(! q) return FALSE;
    q->front = -1;
    q->rear = -1;
    return TRUE;
}
/* 入队 */
int append(sqqueue * q, Elemtype x)
{   if(q->rear >= MAXNUM - 1) return FALSE;
            q->rear++;
        q->queue[q->rear] = x;
            return TRUE;
}
/* 出队 */
Elemtype Delete(sqqueue * q)
{   Elemtype x;
    if (q->front == q->rear) {printf("队列空! \n");return 0;}
    x = q->queue[ ++q->front];printf("\n 队头元素 %d 出队! \n",x);
    return x;
}
/* 判断队列是否为空 */
int Empty(sqqueue * q)
{   if (q->front == q->rear) return TRUE;
    return FALSE;
}
/* 取队头元素 */
int gethead(sqqueue * q)
{   Elemtype x;
    if (q->front == q->rear) {printf("队列空! \n");return 0;}
    x = (q->queue[q->front + 1]); printf("队头元素为: %d\n",x);return x;
}
```

```
/* 遍历队列 */
void display(sqqueue * q)
{   int s;
            s = q->front;
            if (q->front == q->rear)
        printf("队列空! \n");
            else
            {printf("\n顺序队列依次为: ");
            while(s < q->rear)
            {s = s + 1;
            printf(" % d < - ", q->queue[s]);
            }
        printf("\n");
    printf("顺序队列的队尾元素所在位置:rear = % d\n",q->rear);
    printf("顺序队列的队头元素所在位置:front = % d\n",q->front);
            }
}
/* 建立顺序队列 */
void Setsqqueue(sqqueue * q)
{   int n,i,m;
    printf("\n请输入顺序队列的长度:");
    scanf(" % d",&n);
    printf("\n请依次输入顺序队列的元素值:\n");
    for (i = 0;i < n;i++)
    {   scanf(" % d",&m);
        append(q,m);}
    }
void main()
{   sqqueue * head;
    int x,select;
    head = (sqqueue * )malloc(sizeof(sqqueue));
    printf("\n第一次使用请初始化! \n");
     do
{
        printf(" ============ 主菜单 ==================== \n");
        printf("1 初始化\n");
        printf("2 建立顺序队列\n");
        printf("3 入队\n");
        printf("4 出队 \n");
        printf("5 判断队列是否为空\n");
        printf("6 取队头元素 \n");
        printf("7 遍历队列\n");
        printf("0 结束程序运行\n");
        printf(" =============================== \n");
        printf("\n请选择操作(1 -- 7):\n");
```

```
        scanf(" % d",&select);
        switch(select)
        {case 1:
            {   initQueue(head);
                printf("已经初始化顺序队列！\n");
                break;
            }
        case 2:
            {   Setsqqueue(head);
                printf("\n 已经建立队列！\n");
                display(head);
                break;
            }
        case 3:
            {   printf("请输入队的值:\n ");
                scanf(" % d",&x);
                append(head,x);
                display(head);
                break;
            }
            case 4:
            {   Delete(head);
                display(head);
                break;
            }
            case 5:
            {       if(Empty(head))
                    printf("队列空\n");
                  else
                  printf("队列非空\n");
                  break;
            }
            case 6:
            {   gethead(head);
                break;
            }
            case 7:
            {   display(head);
                break;
            }
            case 0:
                exit(0);
        }
    }while(select<=7);
    }
```

思考:

(1) 简述栈和队列的共同点和不同点,它们为什么属于线性表?

(2) 在顺序队列中,当队尾指针已经指向了队列的最后一个位置时,事实上队列中可能还有空位置。此时若有元素入列,就会发生"假溢出"。如何解决这个问题?

附:循环顺序队列的基本运算

```c
# include < stdio. h>
# include < stdlib. h>
# include < malloc. h>
# define MAXNUM 10
# define Elemtype int
# define TRUE 1
# define FALSE 0
typedef struct
{    Elemtype queue[MAXNUM];
     int front;
     int rear;
}sqqueue;
/ * 队列初始化 * /
int initQueue(sqqueue * q)
{    if(! q) return FALSE;
     q -> front = 0;
     q -> rear = 0;
     return TRUE;
}
/ * 入队 * /
int append(sqqueue * q, Elemtype x)
{    if((q -> rear + 1) % MAXNUM == q -> front){printf("\n 队列满!");return FALSE;}
          q -> queue[q -> rear] = x;q -> rear = (q -> rear + 1) % MAXNUM;
          return TRUE;
}
/ * 出队 * /
int Delete(sqqueue * q)
{    Elemtype x;
     if (q -> front == q -> rear) {printf("队列空! \n");return FALSE;}
     x = q -> queue[q -> front];q -> front = (q -> front + 1) % MAXNUM;printf("\n 队头元素
%d 出队! \n",x);
     return TRUE;
}
/ * 判断队列是否为空 * /
int Empty(sqqueue * q)
{    if (q -> front == q -> rear) return TRUE;
     return FALSE;
}
/ * 取队头元素 * /
```

```
int gethead(sqqueue * q)
{    Elemtype x;
     if (q->front == q->rear) {printf("队列空！\n");return FALSE;}
        x = (q->queue[q->front]); printf("队头元素为：%d\n",x);return x;
}
/* 遍历队列 */
void display(sqqueue * q)
{    int s;
                    s = q->front;
              if (q->front == q->rear)
              printf("队列空！\n");
              else
              {printf("\n顺序队列依次为：");
                  while(s!= q->rear)
                  {
                  printf("%d<-", q->queue[s]);s = (s+1) % MAXNUM;
                  }
              printf("\n");
     printf("顺序队列的队尾元素所在位置：rear = %d\n",q->rear);
     printf("顺序队列的队头元素所在位置：front = %d\n",q->front);
     printf("顺序队列的长度为：%d\n",(q->rear - q->front + MAXNUM) % MAXNUM);   }
}
/* 建立顺序队列 */
void Setsqqueue(sqqueue * q)
{    int n,i,m;
     printf("\n请输入顺序队列的长度：");
     scanf("%d",&n);
     printf("\n请依次输入顺序队列的元素值：\n");
     for (i = 0;i < n;i++ )
     {    scanf("%d",&m);
     append(q,m);}
}
void main()
{    sqqueue * head;
     int x,select;
     head = (sqqueue * )malloc(sizeof(sqqueue));
        do{printf("\n第一次使用请初始化！\n");
        printf("\n请选择操作(1--7)：\n");
        printf(" ================================= \n");
        printf("1 初始化\n");
        printf("2 建立顺序队列\n");
        printf("3 入队\n");
        printf("4 出队 \n");
        printf("5 判断队列是否为空\n");
        printf("6 取队头元素 \n");
```

```
            printf("7.遍历队列\n");
            printf("0.结束程序运行\n");
            printf(" ================================= \n");
            scanf(" % d",&select);
            switch(select)
            {case 1：
                {   initQueue(head);
                    printf("已经初始化顺序队列！\n");
                    break;
                }
            case 2：
                {   Setsqqueue(head);
                    printf("\n已经建立队列！\n");
                    display(head);
                    break;
                }
            case 3：
                {   printf("请输入队列元素的值:\n ");
                    scanf(" % d",&x);
                    append(head,x);
                    display(head);
                    break;
                }
                case 4：
                {   Delete(head);
                    display(head);
                    break;
                }
                case 5：
                {       if(Empty(head))
                        printf("队列空\n");
                    else
                      printf("队列非空\n");
                    break;
                }
                case 6：
                {   gethead(head);
                    break;
                }
                case 7：
                {   display(head);
                    break;
                }
                case 0：
                    exit(0);
```

```
        }
    }while(select<=7);
    }
```

实验 2.4 队列的链式表示和实现

编写一个程序实现链队列的各种基本运算,并在此基础上设计一个主程序,完成如下功能:

(1) 初始化并建立链队列。

(2) 入链队列。

(3) 出链队列。

(4) 遍历链队列。

【参考程序清单】

```
# include< stdio. h>
# include< stdlib. h>
# define ElemType int
typedef struct Qnode
{   ElemType data;
    struct Qnode * next;
}Qnodetype;
typedef struct
{   Qnodetype * front;
    Qnodetype * rear;
}Lqueue;
void Lappend(Lqueue * q,int x);
/ * 初始化并建立链队列 * /
void creat(Lqueue * q)
{   Qnodetype * h;
    int i,n,x;
    printf("输入将建立链队列元素的个数:n= ");
    scanf(" % d",&n);
    h=(Qnodetype * )malloc(sizeof(Qnodetype));
    h-> next = NULL;
    q-> front = h;
    q-> rear = h;
    for(i=1;i<=n;i++ )
    {   printf("链队列第 % d个元素的值为:",i);
        scanf(" % d",&x);
        Lappend(q,x);
    }
}
/ * 入链队列 * /
void Lappend(Lqueue  * q,int x)
{   Qnodetype * s;
    s=(Qnodetype * )malloc(sizeof(Qnodetype));
```

```
            s - > data = x;
            s - > next = NULL;
            q - > rear - > next = s;
            q - > rear = s;
    }
/ * 出链队列 * /
ElemType Ldelete(Lqueue * q)
{   Qnodetype * p;
    ElemType x;
    if(q - > front == q - > rear)
    {   printf("队列为空! \n");
        return 0;
    }
    else
    {   p = q - > front - > next;
        q - > front - > next = p - > next;
        if(p - > next == NULL)
        q - > rear = q - > front;
        x = p - > data;
        free(p);
    }
    printf("出链队列元素: % d\n",x);return(x);
}
/ * 遍历链队列 * /
void display(Lqueue * q)
{   Qnodetype * p;
    p = q - > front - > next;          / * 指向第一个数据元素结点 * /
    if(! p)     printf("队列为空! \n");
    else
    {printf("\n 链队列元素依次为:");
    while(p! = NULL)
    {   printf(" % d-->",p - > data);
        p = p - > next;
    }
    printf("\n\n 遍历链队列结束! \n");
}}
void main()
{   Lqueue * p;
    int x,cord;
    printf("\n ***** 第一次操作请选择初始化并建立链队列! ***** \n ");
    do
    {   printf(" ================ 主菜单 ================== \n");
        printf("        1    初始化并建立链队列        \n");
        printf("        2    入链队列                  \n");
        printf("        3    出链队列                  \n");
```

```
printf("          4        遍历链队列                   \n");
printf("          5        结束程序运行                 \n");
printf(" ====================================== \n");
scanf("%d",&cord);
switch(cord)
{   case 1：
        {   p = (Lqueue *)malloc(sizeof(Lqueue));
            creat(p);
            display(p);
        }break;
    case 2：
        {   printf("请输入队列元素的值：x = ");
            scanf("%d",&x);
            Lappend(p,x);
            display(p);
        }break;
    case 3：
        {   Ldelete(p);
            display(p);
        }break;
    case 4：
        {display(p);}break;
    case 5：
        {exit(0);}
    }
}while (cord <= 5);
}
```

思考：

(1) 链栈只有一个 top 指针,对于链队列,为什么要设计一个头指针和一个尾指针?

(2) 一个程序中如果要用到两个栈,可通过两个栈共享一维数组来实现,即双向栈共享邻接空间。如果一个程序中要用到两个队列,能否实现? 如何实现?

四、程序调试及输出结果

五、实验小结

六、选做实验

1. 设计一个算法,利用一个栈对单链表实现逆置,即利用一个栈将单链表(a_1, a_2,…,a_n)(其中 $n \geqslant 0$)逆置为(a_n,a_{n-1},…,a_1)。

2. 设计一个算法,用一个栈 S 将一个队列 Q 逆置。

(1) 要求采用顺序栈和顺序队列来实现。

(2) 要求采用链栈和链队列来实现。

3. 括号匹配的检验。假设表达式中允许有两种括号：圆括号和方括号，其嵌套的顺序随意，即(( )[ ])或[([ ][ ])]等为正确格式，[( ])或((( ]均为不正确的格式。检验括号是否匹配的方法可用"期待的紧迫程度"这个概念来描述。例如，考虑下列的括号序列：

[([ ] [ ])]
1 2 3 4 5 6 7 8

当计算机接受了第 1 个括号"["以后，它期待着与其匹配的第 8 个括号"]"的出现，然而等来的却是第 2 个括号"("，此时第 1 个括号"["只能暂时靠边，而迫切等待与第 2 个括号"("相匹配的 第 7 个括号")"的出现，类似地，只等来了第 3 个括号"["，此时，其期待的紧迫程度较第 2 个括号更紧迫，则第 2 个括号只能靠边，让位于第 3 个括号，显然第 3 个括号的期待紧迫程度高于第 2 个括号，而第 2 个括号的期待紧迫程度高于第 1 个括号；在接受了第 4 个括号之后，第 3 个括号的期待得到了满足，消解之后，第 2 个括号的期待匹配就成了最急迫的任务了，依次类推，即可得出最终结果。可见这个处理过程正好和栈的特点相吻合。要求：读入圆括号和方括号的任意序列，输出"匹配"或"此串括号匹配不合法"。

测试数据：

(1) 输入([ ]( ))，结果为"匹配"。

(2) 输入 [( )]，结果为"此串括号匹配不合法"。

【实现提示】 设置一个栈，每读入一个括号，若是左括号，则作为一个新的更急迫的期待压入栈中；若是右括号，并且与当前栈顶的左括号相匹配，则将当前栈顶的左括号退出，继续读下一个括号，如果读入的右括号与当前栈顶的左括号不匹配，则属于不合法的情况。在初始和结束时，栈应该是空的。

4. 设停车场内只有一个可停放 n 辆汽车的狭长通道，且只有一个大门可供汽车进出。汽车在停车场内按车辆到达时间的先后顺序，依次由北向南排列(大门在最南端，最先到达的第一辆车停放在车场的最北端)，若车场内已停满 n 辆汽车，则后来的汽车只能在门外的便道上等候，一旦有车开走，则排在便道上的第一辆车即可开入；当停车场内某辆车要离开时，在它之后开入的车辆必须先退出车场为它让路，待该辆车开出大门外，其他车辆再按原次序进入车场，每辆停放在车场的车在它离开停车场时必须按它停留的时间长短交纳费用。

试为停车场编制按上述要求进行管理的模拟程序。

【实现提示】

以栈模拟停车场，以队列模拟车场外的便道，按照从终端读入的输入数据序列进行模拟管理。每一组输入数据包括三个数据项：汽车"到达"或"离去"的信息、汽车牌照号码及到达或离去的时刻，对每一组输入数据进行操作后的输出数据为：若是车辆到达，则输出汽车在停车场内或便道上的停车位置；若是车辆离去；则输出汽车在停车场内停留的时间和应交纳的费用(在便道上停留的时间不计费)。栈以顺序结构实现,队列以链表实现。

需另设一个栈,临时停放为给要离去的汽车让路而从停车场退出来的汽车,也用顺序存储结构实现。输入数据按到达或离去的时刻有序。栈中每个元素表示一辆汽车,包含两个数据项:汽车的牌照号码和进入停车场的时刻。

设 $n=2$,输入数据为:('A',1,5),('A',2,10),('D',1,15),('A',3, 20),('A',4,25),('A',5,30),('D',2,35),('D',4,40),('E',0,0)。每一组输入数据包括三个数据项:汽车"到达"或"离去"的信息、汽车牌照号码及到达或离去的时刻,其中,'A'表示到达;'D'表示离去,'E'表示输入结束。

11.3 树和二叉树(实验3)

一、实验目的

1. 掌握二叉树的结构特征,以及各种存储结构的特点及适用范围。
2. 掌握用指针类型描述、访问和处理二叉树的运算。

二、实验要求

1. 认真阅读和掌握本实验的程序。
2. 上机运行本程序。
3. 保存和打印出程序的运行结果,并结合程序进行分析。
4. 按照二叉树的操作需要,重新改写主程序并运行,打印出文件清单和运行结果。

三、实验内容

1. 输入字符序列,建立二叉链表。
2. 按先序、中序和后序遍历二叉树(递归算法)。
3. 按某种形式输出整棵二叉树。
4. 求二叉树的高度。
5. 求二叉树的叶结点个数。
6. 交换二叉树的左右子树。
7. 借助队列实现二叉树的层次遍历。
8. 在主函数中设计一个简单的菜单,分别调试上述算法。

为了实现对二叉树的有关操作,首先要在计算机中建立所需的二叉树。建立二叉树有各种不同的方法。一种方法是利用二叉树的性质5来建立二叉树,输入数据时需要将结点的序号(按满二叉树编号)和数据同时给出:(序号,数据元素)。图11.2所示二叉树的输入数据顺序应该是:$(1,a),(2,b),(3,c),(4,d),(6,e),(7,f),(9,g),$ $(13,h)$。

另一种算法是主教材中介绍的方法,这是一个递归方法,与先序遍历有点相似。数据的组织是先序的顺序,但是另有特点,当某结点的某孩子为空时以字符"♯"来充当,也要输入。这时,图11.2所示二叉树的输入数据顺序应该是:*abd♯g♯♯♯ce♯h♯♯f♯♯*。

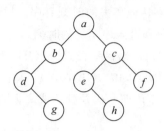

图11.2 二叉树示意图

若当前数据不为"♯",则申请一个结点存入当前数据。递归调用建立函数,建立当前结点的左右子树。

【参考程序清单】

```
# include < stdio. h >
# include < stdlib. h >
#define M 100
typedef char Etype;                          //定义二叉树结点值的类型为字符型
typedef struct BiTNode                       /* 树结点结构 */
        {   Etype data;
            struct BiTNode * lch, * rch;
        }BiTNode, * BiTree;
BiTree   que[M];
int    front = 0,   rear = 0;
/* 函数原型声明 */
BiTNode * creat_bt1();
BiTNode * creat_bt2();
void preorder(BiTNode * p);
void inorder(BiTNode * p);
void postorder(BiTNode * p);
void   enqueue(BiTree );
BiTree   delqueue();
void   levorder ( BiTree );                   //层次遍历二叉树
int treedepth( BiTree );
void prtbtree(BiTree, int);
void exchange(BiTree);
int leafcount(BiTree );
void paintleaf(BiTree);
BiTNode * t;
int count = 0;
/*   主函数 */
```

118

```
void main()
  { char ch; int k;
    do { printf("\n\n\n");
        printf("\n ============ 主 菜 单 =================== ");
        printf("\n\n     1. 建立二叉树方法 1 ");
        printf("\n\n     2. 建立二叉树方法 2 ");
        printf("\n\n     3. 先序递归遍历二叉树");
        printf("\n\n     4. 中序递归遍历二叉树");
        printf("\n\n     5. 后序递归遍历二叉树");
        printf("\n\n     6. 层次遍历二叉树");
        printf("\n\n     7. 计算二叉树的高度");
        printf("\n\n     8. 计算二叉树中叶结点个数");
        printf("\n\n     9. 交换二叉树的左右子树");
        printf("\n\n     10. 打印二叉树");
        printf("\n\n     0. 结束程序运行");
        printf("\n ================================= ");
        printf("\n     请输入您的选择（0,1,2,3,4,5,6,7,8,9,10)");
        scanf(" % d",&k);
        switch(k)
        {case 1:t = creat_bt1();break;       /*  调用性质 5 建立二叉树算法  */
         case 2:printf("\n 请输入二叉树各结点的值:");fflush(stdin);
               t = creat_bt2();break;        /*  调用递归建立二叉树算法  */
         case 3:if(t)
               {printf("先序遍历二叉树:");
                preorder(t);
                printf("\n");
               }
               else printf("二叉树为空! \n");
            break;
         case 4:if(t)
               {printf("中序遍历二叉树:");
                inorder(t);
                printf("\n");
               }
               else printf("二叉树为空! \n");
            break;
         case 5:if(t)
               {printf("后序遍历二叉树:");
                postorder(t);
                printf("\n");
               }
               else printf("二叉树为空! \n");
            break;
         case 6:if(t)
```

数据结构实验安排

```
            {printf("层次遍历二叉树:");
             levorder(t);
             printf("\n");
            }
        else printf("二叉树为空! \n");
        break;
    case 7:if(t)
            {printf("二叉树的高度为:%d", treedepth(t));
             printf("\n");
            }
        else printf("二叉树为空! \n");
        break;
    case 8:if(t)
            {printf("二叉树的叶子结点数为:%d\n", leafcount(t));
             printf("二叉树的叶结点为:");paintleaf(t);
             printf("\n");
            }
        else printf("二叉树为空! \n");
        break;
    case 9:if(t)
            {printf("交换二叉树的左右子树:\n");
             exchange(t);
             prtbtree(t,0);
             printf("\n");
            }
        else printf("二叉树为空! \n");
        break;
    case 10:if(t)
            {printf("逆时针旋转90度输出的二叉树:\n");
             prtbtree(t,0);
             printf("\n");
            }
        else printf("二叉树为空! \n");
        break;
    case 0: exit(0);
    }/*  switch  */
  }while(k>=1 && k<=10);
    printf("\n再见,按回车键,返回…\n");
    ch=getchar();
}/* main */

/* 利用二叉树性质5,借助一维数组V建立二叉树 */
BiTNode *creat_bt1()
{ BiTNode *t,*p,*v[20]; int i,j; Etype e;
```

```
/* 输入结点的序号 i、结点的数据 e */
printf("\n请输入二叉树各结点的编号和对应的值(如 1,a):");
scanf("%d,%c",&i,&e);
while(i!=0 && e!='#')                        /* 当 i 为 0,e 为'#'时,结束循环   */
  { p=(BiTNode *)malloc(sizeof(BiTNode));
    p->data=e; p->lch=NULL; p->rch=NULL;
    v[i]=p;
    if (i==1) t=p;                           /* 序号为 1 的结点是根 */
      else{ j=i/2;
              if(i%2==0) v[j]->lch=p; /* 序号为偶数,作为左孩子 */
                  else   v[j]->rch=p;  /* 序号为奇数,作为右孩子 */
          }
      printf("\n请继续输入二叉树各结点的编号和对应的值:");
      scanf("%d,%c",&i,&e);
    }
  return(t);
} /* creat_bt1 */
/* 模仿先序递归遍历方法,建立二叉树 */
BiTNode * creat_bt2()
  { BiTNode *t;Etype e;
    scanf("%c",&e);
    if(e=='#') t=NULL;                       /* 对于'#'值,不分配新结点 */
      else { t=(BiTNode *)malloc(sizeof(BiTNode));
              t->data=e;
              t->lch=creat_bt2();            /* 左孩子获得新指针值   */
              t->rch=creat_bt2();            /* 右孩子获得新指针值   */
            }
    return(t);
}/* creat_bt2 */
/* 先序递归遍历二叉树   */
void preorder(BiTNode * p)
{ if (p) {  printf("%3c",p->data);
            preorder(p->lch);
            preorder(p->rch);
        }
}/* preorder   */
/* 中序递归遍历二叉树   */
void inorder(BiTNode * p)
{ if (p) {  inorder(p->lch);
            printf("%3c",p->data);
            inorder(p->rch);
        }
}/* inorder   */

/* 后序递归遍历二叉树   */
```

```
void postorder(BiTNode * p)
{ if (p) {  postorder(p->lch);
              postorder(p->rch);
              printf(" %3c",p->data);
           }
}/* postorder  */
```

层次遍历二叉树算法思想：采用一个队列 q，先将二叉树根结点入队列，然后退队列，输出该结点；若它有左子树，便将左子树根结点入队列；若它有右子树，便将右子树根结点入队列，直到队列空为止。因为队列的特点是先进先出，所以能够达到按层次顺序遍历二叉树的目的。

```
void  enqueue(BiTree  T)
{ if(front!=(rear+1) % M)
  {rear = (rear+1) % M;
   que[rear]=T;}
}


BiTree  delqueue()
{   if (front == rear) return NULL;
    front=(front+1) % M;
    return (que[front]);
}
void  levorder ( BiTree  T)/*层次遍历二叉树*/
{ BiTree  p;
   if(T)
     {enqueue(T );
     while(front!=rear){
         p=delqueue();
         printf(" %3c", p->data);
         if(p->lch!=NULL)enqueue(p->lch);
         if(p->rch!=NULL)enqueue(p->rch);
     }
   }
}


int treedepth(BiTree bt)/*计算二叉树的高度*/
{int hl,hr,max;
 if(bt!=NULL)
   {hl=treedepth(bt->lch);
    hr=treedepth(bt->rch);
    max=(hl>hr)? hl:hr;
    return(max+1);
   }
```

```
else return(0);
}

void prtbtree(BiTree bt,int level)        /*逆时针旋转90度输出二叉树树形*/
{int j;
if(bt)
{ prtbtree(bt->rch,level+1);
for(j=0;j<=6*level;j++)printf(" ");
printf("%c\n",bt->data);
  prtbtree(bt->lch,level+1);
}
}

void exchange(BiTree bt)                  /*交换二叉树左右子树*/
{BiTree p;
if(bt)
{p=bt->lch;bt->lch=bt->rch;bt->rch=p;
exchange(bt->lch);exchange(bt->rch);
}
}

int leafcount(BiTree bt)                  /*计算叶结点数*/
{
 if(bt!=NULL)
 {leafcount(bt->lch);
 leafcount(bt->rch);
 if((bt->lch==NULL)&&(bt->rch==NULL))
     count++;
}
 return(count);
}

 void paintleaf(BiTree bt)                /*输出叶结点*/
{if(bt!=NULL)
   {if(bt->lch==NULL&&bt->rch==NULL)
      printf("%3c",bt->data);
   paintleaf(bt->lch);
   paintleaf(bt->rch);
   }
}
```

思考：

（1）如何以广义表的形式输出二叉树？

（2）如何统计二叉树中结点总数？

(3) 如何用非递归算法实现二叉树的先序遍历和中序遍历?

四、程序调试及输出结果

五、实验小结

六、选做实验

哈夫曼编码问题。利用哈夫曼编码进行通信可以大大提高信道利用率,缩短信息传输时间,降低传输成本。但是,这要求在发送端通过一个编码系统对待传数据进行预先编码;在接收端对传来的数据进行解码。对于双工信道(可以双向传输的信道),每端都要有一个完整的编/译码系统。试为这样的信息收发站编写一个哈夫曼的编译码系统。要求:

(1) 从终端读入字符集大小为 n,以及 n 个字符和 n 个权值,建立哈夫曼树,进行编码并且输出。

(2) 利用已建好的哈夫曼编码,对键盘输入的正文进行译码。输出字符正文,再输出该文的二进制码。

测试数据:用表 11.1 中给出的字符集和频度的实际统计数据建立哈夫曼树,并实现以下报文的译码和输出:THIS PROGRAM IS MY FAVORITE。

表 11.1　字符及其使用频度统计表

字符	A	B	C	D	E	F	G	H	I	J	K	L	M	N
频度	64	13	22	32	103	21	15	47	57	1	5	32	20	57
字符	O	P	Q	R	S	T	U	V	W	X	Y	Z	空格	
频度	63	15	1	48	51	80	23	8	18	1	16	1	186	

【实现提示】　建立哈夫曼树和求哈夫曼树编码的有关算法详见主教材相关内容。哈夫曼树译码的过程是分解二进制码电文中的字符串,从根出发,循环处理二进制码中的每一位,直至结束。

(1) 若二进制位为字符'0',则走向左孩子结点。

(2) 若二进制位为字符'1',则走向右孩子结点。

(3) 若当前结点是叶子结点,则输出叶子结点对应的字母。

若二进制位已处理完毕,而当前结点不是叶子结点,则输入的二进制码电文错误。

11.4　图(实验 4)

一、实验目的

1. 掌握图的基本存储方法。

2. 掌握有关图的操作算法并用高级语言实现。

3. 熟练掌握图的两种搜索路径的遍历方法。

4. 掌握图的有关应用。

二、实验要求

1. 认真阅读和掌握本实验的程序。

2. 上机运行本程序。

3. 保存和打印出程序的运行结果,并结合程序进行分析。

4. 按照对图的操作需要,重新改写主程序并运行,打印出文件清单和运行结果。

三、实验内容

实验 4.1 建立无向图的邻接矩阵存储并输出

本题给出了一个无向图的邻接矩阵存储表示,在此基础上稍加改动就可以实现有向图、无向网和有向网的邻接矩阵表示。

【参考程序清单】

```c
#include <stdio.h>
#include <stdlib.h>
#define MAX 20                      /* 图的最大顶点数 */
typedef int VexType;
typedef  VexType Mgraph[MAX][MAX];  /* Mgraph 是二维数组类型标识符 */
/* 函数原型声明 */
void creat_mg(Mgraph G);
void output_mg(Mgraph G);
Mgraph G1;                          /*  G1 是邻接矩阵的二维数组名 */
int n,e,v0;
/*  主函数 */
void main()
 { creat_mg(G1);
   output_mg(G1);
 }


/*  建立无向图邻接矩阵 */
void creat_mg(Mgraph G)
 { int i,j,k;
   printf("\n请输入无向图的顶点数和边数,如(6,5): ");
   scanf("%d,%d", &n,&e);            /* 输入顶点数 n,边数 e */
   for(i=1; i<=n;i++)                /* 邻接矩阵初始化 */
       for(j=1;j<=n;j++) G[i][j]=0;
   /* 如果是网,G[i][j]=0 改为 G[i][j]=32767(无穷) */

   for(k=1;k<=e;k++)                 /* 组织边数的循环 */
     { printf("\n请输入每条边的两个顶点编号,如(2,5): ");
```

125

第 11 章

数据结构实验安排

```
            scanf("%d,%d",&i,&j);          /* 输入一条边的两个顶点编号 i,j */
            G[i][j] = 1; G[j][i] = 1;      /* 无向图的邻接矩阵是对称矩阵 */
                                           /* 如果是网,还要输入边的权值 w,再让 G[i][j] = w */
        }
    }
/* 输出邻接矩阵 */
void output_mg(Mgraph G)
  { int i,j;
    for(i = 1; i <= n;i++ )             /*  矩阵原样输出 */
      { printf("\n ");
        for(j = 1;j <= n;j++ ) printf("%5d",G[i][j]);
      }
    printf("\n ");
  }
```

思考:

(1) 如何由图的邻接矩阵得到图的邻接表?

(2) 基于上述图的邻接矩阵如何实现从某个给定初始顶点出发的深度优先搜索和广度优先搜索?

实验 4.2 建立图的邻接表存储并在此基础上实现图的深度优先遍历和广度优先遍历

图的广度优先遍历用非递归方法很容易理解,非递归方法需要辅助队列 Q 以及出队、入队函数。

【参考程序清单】

```
# include < stdio. h>
# include < stdlib. h>
# define MAX 20
typedef int VexType;
typedef  struct Vnode
  { VexType data;
    struct Vnode * next;
  }Vnode;                               /* Vnode 是顶点的结点结构 */
typedef Vnode Lgraph[MAX];             /* Lgraph 是一维数组类型标识符 */
/* 定义队列 */
typedef struct{
int V[MAX];
int front;
int rear;
}Queue;

/* 函数原型声明 */
void creat_L(Lgraph G);
void output_L(Lgraph G);
```

```
void dfsL(Lgraph G, int v);
void bfsL(Lgraph G, int v);
Lgraph Ga;                              /*   Ga 是邻接表的表头数组名   */
int n,e, visited[MAX];
/*   主函数  */
void main()
    { int v1,i;
      for(i = 0; i < MAX; i++) visited[i] = 0;  /*   顶点访问的标志数组     */
      creat_L(Ga);                          /*   建立无向图的邻接表 Ga    */
      output_L(Ga);                         /*   输出邻接链表 Ga  */
      printf("\n请输入深度优先遍历的出发点：");
      scanf("%d",&v1);
      printf("\n深度优先遍历的结果为：");
      dfsL(Ga,v1);                          /*  从顶点 v1 开始,对图 Ga 进行深度优先遍历  */
      for(i = 0; i < MAX; i++) visited[i] = 0;
      printf("\n请输入广度优先遍历的出发点：");
      scanf("%d",&v1);
      printf("\n广度优先遍历的结果为：");
      bfsL(Ga,v1);                          /*  从顶点 v1 开始,对图 Ga 进行广度优先遍历  */
    }


/*  建立无向图的邻接表   */
void creat_L(Lgraph G)
{   Vnode * p, * q;
    int i,j,k;
    printf("\n请输入图的顶点数和边数：");
    scanf("%d, %d",&n,&e);
    for(i = 1; i <= n; i++) { G[i].data = i; G[i].next = NULL;}
    for(k = 1;k <= e; k++)
        { printf("请输入每条边的关联顶点编号：");
          scanf("%d, %d",&i,&j);
          p = (Vnode * )malloc(sizeof(Vnode));
          p -> data = i;
          p -> next = G[j].next; G[j].next = p;    /* p 结点链接到第 j 条链  */
          q = (Vnode * )malloc(sizeof(Vnode));
          q -> data = j;
          q -> next = G[i].next; G[i].next = q;    /* q 结点链接到第 i 条链   */
    }
}


/*   邻接表的输出   */
void output_L(Lgraph G)
    { int i;
      Vnode * p;
```

```
        for (i = 1; i <= n; i++)
        { printf("\n 与[ % d]关联的顶点有: ",i);
        p = G[i].next;
        while(p!= NULL) { printf(" % 5d",p -> data); p = p -> next;}
        }
}
```

```
/ * 初始化队列 * /
void initqueue(Queue * q)
{
  q -> front = - 1;
  q -> rear = - 1;
}
/ * 判断队列是否为空 * /
int quempty(Queue  * q)
{
    if(q -> front == q -> rear)
    {
    return 1;
    }
    else
    {
    return 0;
    }
}
/ * 入队操作 * /
void enqueue(Queue  * q, int e)
{
  if((q -> rear + 1) % MAX == q -> front)
      printf("队列满! \n");
  else
  {
  q -> rear = (q -> rear + 1) % MAX;
  q -> V[q -> rear] = e;
  }
}
/ * 出队操作 * /
int dequeue(Queue  * q)
{
  int t;
  if(q -> front == q -> rear)
  {printf("队列空! \n");return 0;}
   else
```

```
      {
          q -> front = (q -> front + 1) % MAX;
          t = q -> V[q -> front];
          return t;
      }
  }


/* 深度优先遍历图 */
void dfsL(Lgraph G,int v)
  {  Vnode * p;
      printf(" % d ->",G[v].data);
      visited[v] = 1;                              /*   顶点 v 被访问,标志置 1 */
      p = G[v].next;
      while(p){   v = p -> data;
                  if(visited[v] == 0)dfsL(G,v);    /*  顶点 v 未被访问时继续遍历 */
                  p = p -> next;
              }
  }


  /* 广度优先遍历图    */
void bfsL(Lgraph g,int v)
  {int x;
  Vnode * p;
  Queue * q = (Queue * )malloc(sizeof(Queue));
  initqueue(q);
  printf("\n % d ->",g[v].data);
  visited[v] = 1;
  enqueue(q,v);
  while(! quempty(q))
    {   x = dequeue(q);
        p = g[x].next;
        while(p){ v = p -> data;
                  if(visited[v] == 0)
                  {  printf(" % d ->",g[v].data);
                      visited[v] = 1;
                      enqueue(q,v);
                  }
                  p = p -> next;
              }
    }
  printf("\n");
  }
```

数据结构实验安排

四、选做实验

1. 学生选修课程问题。学生应该学习的课程如表 11.2 所示，问应按怎样的顺序学习这些课程，才能无矛盾、顺利地完成学业？

表 11.2 学生应该学习的课程

课 程 编 号	课 程 名 称	直接先行课
C1	计算机基础	无
C2	高等数学	无
C3	线性代数	C2
C4	离散数学	C3
C5	C 语言	C1、C3
C6	数据结构	C4、C5
C7	计算机原理	C8
C8	汇编语言	C1
C9	编译原理	C6、C8
C10	操作系统	C6、C7
C11	数据库概论	C1
C12	系统分析与设计	C5、C6、C11

【实现提示】 首先构造 AOV 网络：顶点表示课程；有向弧表示先决条件，若课程 i 是课程 j 的先决条件，则图中有弧 $<i, j>$。然后对该有向图进行拓扑排序。

2. 7 个城市 A、B、C、D、E、F、G 的公路网如图 11.3 所示。弧上的数字表示该段公路的长度。问有一批货物要从城市 A 运到城市 G 走哪条路最短？输出最短路径及其长度。是否还有其他最短路径？若有，如何求出其他的最短路径？

【实现提示】 本问题的实质是求单源点的最短路径问题，可采用迪杰斯特拉(Dijkstra)提出的按路径长度递增的次序产生最短路径的算法。

3. 给定 4 个城市之间的交通图如图 11.4 所示，弧上的数字表示城市之间的道路长度。现在要在 4 个城市之间选择一个城市建造一个物流配送中心。问这个物流配送中心应建在哪个城市才能使离物流配送中心最远的城市到物流配送中心的路程最短？

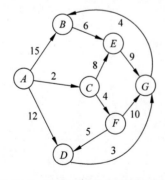

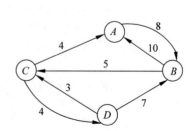

图 11.3　城市之间的公路网示意图　　　　图 11.4　4 个城市之间的交通图

【实现提示】 该问题的实质是从 4 个城市中选出一个城市,使得其他 3 个城市到达该城市的最短距离的最大值最小。求解该问题首先要求出每个城市到其他各个城市的最短距离,然后再求出每个城市到其他各个城市的最短距离的最大值,最大值最小的城市即为要选择的城市。显然,该问题的关键就是"所有顶点对之间的最短路径问题"。

11.5　查找(实验 5)

一、实验目的

掌握几种典型的查找方法(折半查找、二叉排序树的查找、哈希查找),对各种算法的特点、使用范围和效率有进一步的了解,并能使用高级语言实现查找算法。

二、实验要求

1. 认真阅读和掌握本实验的程序。
2. 上机运行本程序。
3. 保存和打印出程序的运行结果,并结合程序进行分析。
4. 按照查找操作要求,重新改写主程序并运行,打印出文件清单和运行结果。

三、实验内容

设计一个程序,用于演示顺序查找、折半查找和二叉排序树查找等几种典型的查找方法,要求采用菜单的形式进行选择。

【参考程序清单】

```
# include < stdio. h >
# include < conio. h >
# include < string. h >
# include < malloc. h >
# define Keytype int                    /*关键字类型定义*/
# define MAX_LIST_LEN 100               /*定义线性表的最大长度*/
typedef   struct {                      /*定义元素类型 */
    Keytype key;                        /*关键字定义*/
} ElemType;
typedef struct {                        /*查找表顺序存储结构定义*/
    ElemType elem[MAX_LIST_LEN + 1];    /*elem[0]元素当做工作单元*/
    int length;                         /* 查找表长度*/
} Seq_Table;
Seq_Table seqtbl;
typedef struct   NODE{                  /*查找表链式存储结构定义*/
    ElemType elem;                      /*其中 ElemType 定义同顺序存储结构*/
```

```
        struct   NODE * next;
    } LINK_NODE;
    #define ENDVALUE  - 1
    typedef struct BINNODE{                      /* 二叉排序树定义 */
        Keytype key;                             /* 关键字值 */
        struct BINNODE * lchild , * rchild;      /* 左、右孩子指针 */
    } BSTNode, * BSTree;


    /* 显示主界面 */
    void PrintMenu()
    {      printf("\n\n\n\n\n");
           printf("\t\t\t    --   各 类 查 找 综 合 演 示  --   \n");
           printf("\n\t\t\t ******************************** ");
           printf("\n\t\t\t *        1------- 静 态 查 找         * ");
           printf("\n\t\t\t *        2------- 动 态 查 找         * ");
           printf("\n\t\t\t *        0------- 退      出          * ");
           printf("\n\t\t\t ******************************** \n");
           printf("\t\t\t 请选择功能号(0 -- 2): ");
    }


    /* 查找表初始化 */
    void ElemInit()
    {
        int i = 1;
        ElemType elem;
        printf("\n 请注意! 假定系统查找表的最大长度为  % d" ,MAX_LIST_LEN);
        printf("\n 请输入若干(<% d)查找表初始元素的关键字值(整数),以 % d 结束. \n",MAX_
    LIST_LEN,ENDVALUE);
        seqtbl.length = 0;                       /* 初始化查找表长度 */
        while (1)
        {
        scanf(" % d",&elem.key);
        if (elem.key == ENDVALUE) break;
        else
          seqtbl.elem[i++].key = elem.key;        /* 从第 1 号单元开始存放数据 */
         seqtbl.length++ ;
         }
    }


    /* 输出查找表的所有元素 */
    void output(Seq_Table seqtbl1)
    {
        int k;
        printf ("\n\t 查找表的地址单元:  ");
```

```
    for(k = 1;k < = seqtbl1.length ;k ++ )
        printf(" % 4d",k);
    printf ("\n\t 元素关键字序列为：  ");
    for(k = 1;k < = seqtbl1.length ;k ++ )
        printf(" % 4d",seqtbl1.elem[k]);
}
```

/ * 数据输入界面 * /
```
int input()
{
    int x;
    while(1)
    {
    printf("\n 请输入你要查找元素的关键字值(整型):");
    scanf(" % d",&x);
    getchar();
    if (! ((x > = - 32768) && (x < = 32767)))
        printf("\n 关键字输入无效,请重新输入!");
    else
        break;
    }
    return x;
}
```

/ * 显示静态查找主界面 * /
```
void PrintStaticMenu()
{
        printf("\n\n\n\n\n");
        printf("\t\t\t    --   静 态 查 找 综 合 演 示   --      \n");
        printf("\n\t\t\t ***************************************** ");
        printf("\n\t\t\t *        1 ------- 查找表初始化            * ");
        printf("\n\t\t\t *        2 ------- 顺序查找                * ");
        printf("\n\t\t\t *        3 ------- 顺序查找(设监视哨)      * ");
        printf("\n\t\t\t *        4 ------- 折半查找                * ");
        printf("\n\t\t\t *        0 ------- 返回主界面              * ");
        printf("\n\t\t\t ***************************************** \n");
        printf("\t\t\t            请选择功能号(0 -- 4): ");
}
```

/ * 顺序查找,未设置监视哨的情形 * /
```
int SeqSearch(Seq_Table   Seq_Tbl, Keytype   Sea_Key)
  / * Seq_Tbl 为查找表,Sea_Key 为待查找的关键字 * /
{
    int   pos, len;
```

```
        pos = 1; len = Seq_Tbl.length;
        /* 当没有到达查找表尾且没有找到时循环 */
        while (pos <= len  &&  Seq_Tbl.elem[pos].key! = Sea_Key)  pos ++ ;
        if  (pos > len )                        /* 循环结束是因为没有找到此元素 */
            return 0;
        else                                    /* 找到此元素 */
            return pos;
    }


/* 顺序查找,设置监视哨的情形 */
int SeqSearchSetMonitor(Seq_Table   Seq_Tbl, Keytype   Sea_Key)
{    int i;
     Seq_Tbl.elem[0].key = Sea_Key;
     for(i = Seq_Tbl.length;Seq_Tbl.elem[i].key! = Sea_Key;i -- );
     return i;
}


/* 冒泡排序 */
void BubbleSort( Seq_Table   * Seq_Tbl )
{    int i,j;
     ElemType temp;
     for ( i = 1 ; i <= Seq_Tbl -> length - 1 ; i ++ )
     /* 外循环,i 表示趟数,总共需要 len - 1 趟 */
     {   for ( j = 1 ; j <= Seq_Tbl -> length - i ;j ++ )
     /* 内循环,每趟排序中所需比较的次数 */
            if  ( Seq_Tbl -> elem[j].key > Seq_Tbl -> elem[j + 1].key)
     /* 前面元素大于后面元素,则交换 */
            {   temp = Seq_Tbl -> elem[j] ;
                Seq_Tbl -> elem[j] = Seq_Tbl -> elem[j + 1];
                Seq_Tbl -> elem[j + 1] = temp;}
        }
    }


/* 折半查找 */
int  BinarySearch(Seq_Table   Seq_Tbl , Keytype   Sea_Key)
/* Seq_Tbl 为查找表,Sea_Key 为待查找的关键字 */
{
     int mid, low, high;
     low = 1; high = Seq_Tbl.length;
     while (low <= high)
     {   mid = (low + high)/2;
         if  (Seq_Tbl.elem[mid].key < Sea_Key) /* 若存在,则必在右半区 */
             low = mid + 1;
         else
```

```
        if  (Seq_Tbl.elem[mid].key > Sea_Key)      /* 若存在,则必在左半区 */
            high = mid - 1;
        else                                        /* 等于待查找的关键字,查找结束 */
            break;
    }
    if  (low > high)                                /* 没有找到 */
        return 0;
    else
        return mid;
}


/* 静态查找主程序 */
void StaticSearch()
{
  char static_func_choice;
  PrintStaticMenu();
  getchar();                                        /* 读主界面的回车符 */
  static_func_choice = getchar();
  while (static_func_choice != '0')
  {
    switch (static_func_choice)
    {
      case '1':
        ElemInit();
        break;
      case '2':                                     /* 顺序查找 */
      {
        int retval, seakey;
        seakey = input();
        retval = SeqSearch(seqtbl, seakey);
        output(seqtbl);
        printf("\n\t 你要查找的关键字为：% d", seakey);
        if (retval > 0)
          printf("\n\t 查找成功,关键字为 % d 的元素位于第 % d 个位置!", seakey,
retval);
        else
          printf("\n\t 对不起,关键字为 % d 的元素不存在.", seakey);
        break;
      }
      case '3':                                     /* 设置监视哨的情形 */
      {int retval, seakey;
        seakey = input();
        retval = SeqSearchSetMonitor(seqtbl, seakey);
        output(seqtbl);
```

数据结构实验安排

```
        printf("\n\t 你要查找的关键字为：%d",seakey);
        if (retval > 0)
            printf("\n\t 查找成功,关键字为 %d 的元素位于第 %d 个位置!",seakey,
retval);
        else
            printf("\n\t 对不起,关键字为 %d 的元素不存在.",seakey);
        break;}
    case '4':                              /* 折半查找 */
    {
        int retval,seakey;
        seakey = input();
        printf("\n 请注意! 折半查找要求是有序表,若元素顺序无序,则首先将排序! \n");
        BubbleSort(&seqtbl);                /* 调用冒泡排序法使查找表成为有序表 */
        retval = BinarySearch(seqtbl, seakey);
        output(seqtbl);
        printf("\n\t 你要查找的关键字为：%d",seakey);
        if (retval > 0)
            printf("\n\t 查找成功,关键字为 %d 的元素位于第 %d 个位置!",seakey,
retval);
        else
            printf("\n\t 对不起,关键字为 %d 的元素不存在.",seakey);
        break;
    }
    default:
    printf( "\n 请输入正确的操作选项(0－4):");
    }
  getchar();
  PrintStaticMenu();
  static_func_choice = getchar();
  }
}


/* 显示动态查找主界面 */
void PrintDynamicMenu()
{
    printf("\n\n\n\n\n");
    printf("\t\t\t      --  动 态 查 找 综 合 演 示  -- \n");
    printf("\n\t\t\t*********************************** ");
    printf("\n\t\t\t *      1------- 二叉排序树初始化        * ");
    printf("\n\t\t\t *      2------- 二叉排序树插入          * ");
    printf("\n\t\t\t *      3------- 二叉排序树删除          * ");
    printf("\n\t\t\t *      4------- 二叉排序树查找          * ");
    printf("\n\t\t\t *      0-------    返回主界面           * ");
    printf("\n\t\t\t *********************************** \n");
```

```c
            printf("\t\t\t           请选择功能号(0 -- 4): ");
}


/* 二叉排序树的结点插入 */
void InsertBST(BSTree  bstree, Keytype Ins_key)
{
    BSTree   s ,p,q;
    q = s = bstree;                          /* s 指向二叉排序树的根结点 */
    while (s)                                /* 找到要插入的结点的位置 */
    {   if (s -> key > Ins_key)
            {   q = s;s = s -> lchild; }      /* 在左子树中查找 */
        else
            if (s -> key < Ins_key)           /* 在右子树中查找 */
            {   q = s;s = s -> rchild; }
        else                                 /* 存在关键字等于 Ins_key 的结点 */
            {   printf("\n 插入失败,树中已经存在此关键字的结点.\n");
                return ;
            }
    }
    p = (BSTree)malloc(sizeof(BSTNode));      /* 生成一个关键字为 Ins_key 的结点 p */
    p -> key = Ins_key;
    p -> lchild = NULL;
    p -> rchild = NULL;
    if (q -> key > Ins_key)
        q -> lchild = p;                      /* 将结点 p 插入左子树 */
    else
        q -> rchild = p;                      /* 将结点 p 插入右子树 */
}


/* 二叉排序树的更新建立 */
BSTree   CreateBST()                          /* 返回二叉排序树的头指针 */
{   Keytype Ins_key;
    BSTree   p,head = NULL;
    int nodeseq = 1;                          /* 结点序号 */
    printf("\n\t 请输入若干元素结点的关键字值,以 % d 结束! \n",ENDVALUE);
    scanf(" % d",&Ins_key) ;                  /* 假定关键字类型为整型 */
    while (Ins_key != ENDVALUE)
    {
        if   (nodeseq == 1)                   /* 第 1 个结点单独处理 */
        {   p = (BSTree)malloc(sizeof(BSTNode));
            /* 生成一个关键字为 Ins_key 的结点 p */
            p -> key = Ins_key;
            p -> lchild = NULL;
            p -> rchild = NULL;
```

```
            head = p;
            nodeseq++ ;
        }
        else
            InsertBST(head,Ins_key);              /* 调用插入函数 */
        scanf(" % d",&Ins_key);
        }
        getchar();
        return head;
}
```

```
/* 中序二叉排序树的中序遍历输出 */

void OutPutBintree( BSTree   p)
{
    if   (p!= NULL)
    {
        OutPutBintree(p - > lchild );
        printf(" % 4d",p - > key);
        OutPutBintree(p - > rchild );
    }
}
```

```
/* 二叉排序树中结点的删除 */
BSTree   DelBSTNode(BSTree   bstree, Keytype Del_key)
{
    BSTree   s ,p,q,f;         /* s 指向要删除结点的父结点,p 指向要删除的结点 */
    p = bstree; s = NULL;                   /* p 指向二叉排序树的根结点 */
    while (p)                               /* 查找要删除的结点 */
    {   if (p - > key == Del_key)            /* 找到,则结束查找过程 */
            break;
        else
        {   s = p;                          /* 将其父结点保存在 s 中  */
            if (p - > key < Del_key)          /* 往右子树继续查找 */
              p = p - > rchild;
            else                            /* 往左子树继续查找 */
              p = p - > lchild;
        }
    }
    if(p)
    {
        if (p - > lchild)                    /* p 有左子树,查找左子树最右下方的结点  */
        {    f = p;
            q = p - > lchild ;
```

```
        while (q-> rchild)                      /* 查找最右下方结点 */
        {   f = q; q = q-> rchild ;}
        if (f == p)                             /* q即为最右下方结点 */
            f-> lchild = q-> lchild ;
        else
            f-> rchild = q-> lchild ;           /* 将左子树链接到父结点的右子树 */
        p-> key = q-> key ;
        free(q);
    }
    else                                        /* 要删除的结点无左子树 */
    {
        if (s == NULL)                          /* 删除结点为根结点 */
            bstree = p-> rchild ;
        else
            if (s-> lchild == p)                /* 删除结点为父结点的左孩子 */
                s-> lchild = p-> rchild;
            else
                s-> rchild = p-> rchild;
        free (p);
    }
}
else                                            /* 没有找到要删除的结点 */
{   printf( "\n\t 关键字为 % d 的结点不存在!", Del_key); }
return   bstree;
}


/* 二叉排序树查找 */
void SearchBST(BSTree   bstree, Keytype Sea_Key)
{   BSTNode * p;
    int count = 0;
    p = bstree;
    while((p!= NULL)&&(p-> key!= Sea_Key))
        if(Sea_Key < p-> key){count ++ ;p = p-> lchild;}
        else {count ++ ;p = p-> rchild;}
        if(p == NULL){printf("\n\t\t 查找失败!,比较次数为 % d 次.",count);return;}
        else {printf("查找成功,比较次数为 % d 次.",count + 1);return;}
}


/* 动态查找主程序 */
void DynamicSearch()
{
    Keytype Ins_key,Sea_Key;
    BSTree p,root = NULL;
    char dynamic_func_choice;
```

```
        PrintDynamicMenu();
        getchar();                              /* 读主界面的回车符 */
        dynamic_func_choice = getchar();
        while (dynamic_func_choice! = '0')
        {
            switch (dynamic_func_choice)
            {
                case '1':
                    root = NULL;
                    root = CreateBST();
                    printf("\n\t 当前二叉排序树的中序遍历为:\n");
                    OutPutBintree(root);
                    break;
                case '2':
                    printf("\n\t 请输入要插入元素的关键字:");
                    scanf(" % d",&Ins_key);
                    printf("\n\t 插入之前的元素的关键字序列为:\n");
                    OutPutBintree(root);
                    if (! root)                 /* 第 1 个结点 */
                    {   p = (BSTree)malloc(sizeof(BSTNode));
                    /* 生成一个关键字为 Ins_key 的结点 p */
                        p -> key = Ins_key;
                        p -> lchild = NULL;
                        p -> rchild = NULL;
                        root = p;
                    }
                    else
                    {
                        InsertBST(root,Ins_key);
                    }
                    printf("\n\t 插入关键字 % d 之后的元素的关键字序列为:\n",Ins_key);
                    OutPutBintree(root);
                    break;
                case '3' :
                {   Keytype Del_key;
                    printf("\n\t 请输入要删除元素的关键字:");
                    scanf(" % d",&Del_key);
                    printf(" \n\t 删除之前元素关键字中序遍历序列为:\n");
                    printf("\t");
                    OutPutBintree(root);
                    root = DelBSTNode(root, Del_key);
                    printf(" \n\t 删除之后元素关键字中序遍历序列为:\n");
                    printf("\t");
```

```
                OutPutBintree(root);
                break;
            }
        case '4':
            printf("\n\t 请输入要查找的关键字:");
            scanf(" % d",&Sea_Key);
            SearchBST(root, Sea_Key);
            break;
        default:
            printf( "\n 请输入正确的操作选项(0-4):");
    }
    getchar();
    PrintDynamicMenu();
    dynamic_func_choice = getchar();
}


}
/ * 主函数 * /
void main()
{   char func_choice;
    PrintMenu();
    func_choice = getchar();
    while (func_choice!= '0')
    {
        switch (func_choice)
        {
        case '1':
            StaticSearch() ;
            break;
        case '2':
            DynamicSearch();
            break;
        case '0':
            func_choice = '0';    break;
        default:
            printf( "\n 请输入正确的操作选项(0-4):");
        }
    PrintMenu();
    getchar();
    func_choice = getchar();
    }
}
```

四、程序调试及输出结果

五、实验小结

六、选做实验

哈希表设计：针对某个集体(如你所在的班级)中的"人名"设计一个哈希表,使得平均查找长度不超过 R,并完成相应的建表和查表程序。

要求：假设人名为中国人姓名的汉语拼音形式,如常香香(Chang XiangXiang)。待填入哈希表的人名共有 30 个,取平均查找长度的上限为 2。哈希函数用除留余数法构造,用线性探测再散列法或链地址法处理冲突。

【实现提示】 根据所选择的冲突处理方法求出装填因子 α。哈希表的装填因子 α 定义为 $\alpha = \dfrac{\text{表中填入的记录数}}{\text{哈希表的长度}}$。线性探测再散列处理冲突的哈希表在等概率情况下查找成功时的平均查找长度约为 $\dfrac{1}{2}\left(1+\dfrac{1}{1-\alpha}\right)$,链地址法处理冲突的哈希表在等概率情况下查找成功时的平均查找长度约为 $1+\dfrac{\alpha}{2}$。根据题目要求,由上述公式求出装填因子 α,再由装填因子公式计算出哈希表的长度。姓名的汉语拼音字符取码方法可采用 C 语言中的 toascii 函数,对于过长的人名可先做折叠处理。

11.6 排序(实验 6)

一、实验目的

1. 掌握常用的排序方法,并掌握用高级语言实现排序算法的方法。

2. 深刻理解排序的定义和各种排序方法的特点,并能加以灵活应用。

3. 了解各种方法的排序过程及其依据的原则,并掌握各种排序方法的时间复杂度的分析方法。

二、实验要求

1. 认真阅读和掌握本实验的程序。

2. 上机运行本程序。

3. 保存和打印出程序的运行结果,并结合程序进行分析。

4. 按照排序操作要求,重新改写主程序并运行,打印出运行结果。

三、实验内容

实验 6.1　归并排序的实现

已知关键字序列为{1,8,6,4,10,5,3,2,22},请对此序列进行归并排序,并输出结果。

算法描述:请读者自己写出。

【参考程序清单】

```
# include "stdio. h"
int num = 0;
void print_data(int data[],int first,int last)
    {
        int i = 0 ;
        for(i = 0;i < first;i ++ )
            printf(" * ");
        for(i = first;i <= last;i ++ )
            printf(" % 3d",data[i]);
        for(i = last;i <= 8;i ++ )
            printf(" * ");
        printf("\n");
    }
void merge(int array[],int first,int last)/* 一趟归并 */
  {
    int mid,i1,i2,i3;
    int temp[10];
    int i,j;
    mid = (first + last)/2;
    i1 = 0;
    i2 = first;
    i3 = mid + 1;

while(i2 <= mid&&i3 <= last)
    {
        if(array[i2] < array[i3])
            temp[i1 ++ ] = array[i2 ++ ];
        else
            temp[i1 ++ ] = array[i3 ++ ];
    }
if(i2 <= mid)
    while(i2 <= mid)
        temp[i1 ++ ] = array[i2 ++ ];
if(i3 <= last)
    while(i3 <= last)
        temp[i1 ++ ] = array[i3 ++ ];
    for(i = first,j = 0;i <= last;i ++ ,j ++ )
```

```
        array[i] = temp[j];
      print_data(array,first,last);
    }
void mergesort(int data[],int first,int last)/ * 归并排序 * /
  {
    int mid;
    if(first < last)
    {
      mid = (first + last)/2;
      void mergesort(data,first,mid);
      void mergesort(data,mid + 1,last);
      print_data(data,first,last);
      merge(data,first,last);
    }
  }
void main()
  {
    int a[] = {1,8,6,4,10,5,3,2,22};
    void mergesort(a,0,8);
  }
```

实验 6.2　要求使用两种不同的排序算法,将指定文件中的字符按行进行插入排序

说明: 除了使用下面介绍的直接插入排序算法之外,要求再使用一个自己熟悉的排序算法来实现此功能。

1. 算法思路

[**建立文件**]　建立一个文本文件 IN. TXT,输入若干行字符串(文件中的数据可自拟),每个串以回车符结束。

[**算法输入**]　从文件 IN. TXT 中按行读取字符并存入二维字符数组。

[**算法输出**]　将排序后的二维字符数组输出到另一个文本文件 OUT. TXT 中。

[**算法要点**]　先将指定文本文件 IN. TXT 中的数据按行读入一个二维字符数组;然后对该二维字符数组中的字符按行执行直接插入排序;最后将已排好序的数据按行写入另一个文本文件 OUT. TXT 中。

直接插入排序是一种最简单的排序方法,它的基本思想是在排序过程中,每次都将无序区中第 1 条记录插入有序区中适当位置,使其仍保持有序。

初始时,取第 1 条记录为有序区,其他记录为无序区。显然,随着排序过程的进行,有序区不断扩大,无序区不断缩小。最终无序区变为空,有序区中包含了所有的记录,这时排序结束。

将无序区第一个记录 $x[i]$($i=1,2,3,\cdots,n-1$)插入有序区 $x[0]\sim x[i-1]$时,可以先在有序区中找到插入位置 j ($1<j<n-1$),然后将其后的记录 $x[j]\sim x[n-1]$均后移一位,腾出位置 j 以插入 $x[i]$。更为有效的方法是将寻找插入位置和移动记录交替进行,即从有序区的后部开始,如果该位置 m($m=i-l,i-2,\cdots,1$)的记录大于待插记录,则

直接后移一位；待插记录则插入最后空出来的位置上。

算法中引入附加的变量 k 的作用是进入查找循环前,保存 $x[i]$ 的副本(记录后移时会冲掉 $x[i]$);在 while 循环中为防止下标变量越界,可以加入 break 来自动控制 while 循环的结束。

2. 采用的数据结构与算法

(1) 数据类型定义

```
char xx[50][80] ;                      /* 可以少定义几行 */
```

(2) 直接插入排序算法(参考程序)

```
void selectsort(void)                  /* 直接插入排序算法 */
{
  int n,i,j,len; char k;
  for(n = 0;n < maxline;n++ )          /* 对读出数据按行执行如下操作 */
  {
    len = strlen(xx[n]);               /* 确定各行长度 */
    for(i = 0;i < len;i++ )            /* 各行直接插入排序 */
    {
      k = xx[n][i];j = i - 1;          /* k 是哨兵 */
      while(k < xx[n][j])              /* 由后向前查找插入位置 */
      {
        if(j < 0)  break;
        xx[n][j + 1] = xx[n][j];  j-- ;
      }
      xx[n][j + 1] = k;                /* 将当前最小值(哨兵)插入适当位置 */
    }
  }
}
```

3. 参考程序清单

```
# include < stdio. h >
# include < string. h >
char xx[50][80] ;
int maxline = 0 ;                      /* 行计数器(记录文件行数),运行前初始化 */
void readtxt(void) ;                   /* 读文件函数声明 */
void selectsortvoid();                 /* 排序函数声明 */
void writetxt(void) ;                  /* 写文件函数声明 */
//算法清单同前
void main()
{
  readtxt();                           /* 调用读文件函数 */
  selectsort();                        /* 调用排序函数 */
  writetxt() ;                         /* 调用写文件函数 */
}
void readtxt(void)                     /* 读文件函数,将文件 IN.TXT 中的数据读入二维字符数组 */
{
  FILE * fp; int i = 0 ; char * p ;
```

```
    fp = fopen("in.txt", "r");              /* 用只读方式打开 IN.TXT 文件 */
    while(fgets(xx[i], 80, fp) != NULL) /* 读入一行 */
    {
      p = strchr(xx[i], '\n');              /* 将各行中的字符'\n'代之以 NULL */
      if(p)  xx[i][p - xx[i]] = 0;
      i++ ;
    }
    maxline = i ;                            /* 记录文件总行数 */
    fclose(fp);                              /* 关闭 IN.TXT 文件 */
}
void writetxt(void)                          /* 写文件函数,将排序后的数据写入文件 OUT.TXT 中 */
{
    FILE * fp ;  int i ;
    fp = fopen("out.txt", "w") ;             /* 以写方式打开 OUT.TXT 文件 */
    for(i = 0 ; i < maxline ; i++ )
      fprintf(fp, " % s\n", xx[i]) ;         /* 将排序后的数据按行写入 OUT.TXT 中 */
      fclose(fp) ;                           /* 关闭 OUT.TXT 文件 */
}
```

4. 测试数据

设文件 IN.TXT 中的数据如下:

```
ISAM enhances the functionality of your programs through its
flexibility. If you add a section to a book, remove a few pages,
or rearrange paragraphs or sections, you have to recreate your
index, since the keywords must appear in relation to each other.
In this case, the relationship of the keywords to each other is
alphabetic order. A ISAM index changes automatian employee, or
```

程序运行后文件 OUT.TXT 中的数据如下:

```
AIMSaaacceeeffgghhhhiiilmnnnnooooprrrrssstttttuuuyy
,,.Iaaaaabbcddeeeeeefffgiiiikllmnooooooprssttttuvwxyy
,aaaaaaacceeeeeeeeggghhinnooooooopprrrrrrrrrssstttuuvyy
,.aaaaccddeeeeeeeehhhiiiiklmnnnnoooopprrrrssstttttuwxy
,.AAIMSaaaaaabccddeeeeeeeghhiiiillmmnnnooooopprrrstttuxy
```

四、程序调试及结果分析

五、实验小结

六、选做实验

1. 试给出快速排序的非递归算法,并加以实现。

【实现提示】 增加一个栈(当然也可以用队列取代栈),用来保存某子文件的首、尾记录的地址(数组下标),以便对该子文件进行快速排序。

2. 内部排序算法比较：各种内部排序算法的时间复杂度分析结果只给出了算法执行时间的阶或大概执行时间。试通过随机的数据比较各算法的关键字比较次数和关键字移动次数，以获得直观感受。

要求：

（1）对以下几种常用的内部排序算法进行比较：直接插入排序、希尔排序、冒泡排序、快速排序、简单选择排序、堆排序、归并排序、基数排序。

（2）待排序表的表长不少于 100；其中的数据要用伪随机数程序产生；至少要用 5 组不同的输入数据做比较；比较的指标为有关键字参加的比较次数和关键字移动次数（关键字交换计为 3 次移动）。

（3）对不同的输入表长做实验，注意观察这两个指标相对于表长的变化关系；还可以对稳定性做实验。

【实现提示】 设法在算法中的适当位置插入对关键字的比较次数和移动次数进行计数的操作代码。

数据结构实验安排

第三篇
数据结构课程设计

第 12 章　数据结构课程设计概述

本章要点

◇ 课程设计的目的、时间、指导教师安排

◇ 课程设计的选题内容和要求

◇ 课程设计的实施步骤

◇ 课程设计总结报告的撰写规范

◇ 课程设计的上交材料和成绩评定

本章学习目标

◇ 了解课程设计的目的

◇ 了解课程设计的选题主要内容

◇ 了解课程设计的实施步骤

◇ 了解课程设计总结报告的书写规范和成绩评定方法

12.1　课程设计的目的

数据结构课程设计是学习了数据结构课程后的一个综合性实践教学环节,是对课程理论和课程实验的综合和补充。它主要培养学生综合运用已学过的理论和技能去分析和解决实际问题的能力,对加深课程理论的理解和应用、切实加强学生的实践动手能力和创新能力具有重要意义。课程设计是大学生必不可少的一个综合性理论实践环节。

本书第 13 章安排的数据结构课程设计内容,覆盖了数据结构课程各章的知识。每项内容都通过课程设计的学习与实践,在了解并掌握数据结构知识点的同时,要求学生做进一步的思考。在完成这些题目的过程中,能够提高学生的算法设计能力,培养初步的独立分析和设计程序能力;初步掌握软件开发过程的问题分析、题目算法设计、程序编码、测试调试等基本方法和技能。选用大型课程设计作业题,能提高综合运用所学的理论知识和方法独立分析和解决问题的能力;训练用系统的观点和软件开发一般规范进行软件开发,培养软件工作者所应具备的科学的工作方法和作风。

通过数据结构课程设计训练,应使学生实现以下目标:

(1) 结合 C 语言程序设计、数据结构中所学的理论知识,按要求独立设计方案,培养独立分析与解决问题的能力。

（2）学会查阅相关手册和资料，通过查阅手册和资料，进一步熟悉常用算法的用途和技巧，掌握这些算法的具体含义并利用这些算法来解决实际问题。

（3）熟练掌握程序的编译、连接与运行的方法。

（4）掌握程序的调试技术，进一步熟悉常用基本算法的使用方法。

（5）认真撰写总结报告，培养严谨的作风和科学的态度。

12.2 课程设计的时间安排

根据教学大纲的要求，数据结构课程设计开课学期为第 4 学期，总学时 3 周（若不集中安排，也可以改为每周安排 3 学时）。

12.3 课程设计的指导教师

由担任本课程的教师或其他老师担任指导教师，指导教师具体负责课程设计的任务布置、实践指导和成绩评定。

指导教师在公布课程设计课题时应明确给出以下内容：课题名称；设计任务（可提供程序设计的参考框图等）；主要算法；主要参考文献等内容。

指导教师在学生停课期间应每天辅导学生一次，每次不少于 2 学时，以便及时了解学生的实践进度和出勤情况，为学生解决疑难问题和课程设计过程中所遇到的困难。若数据结构课程设计采用每周安排 3 学时，则指导教师每周应辅导学生 2 学时。

12.4 课程设计的选题内容和要求

选题分为指导教师选题和学生自己选题两种，学生选题应经指导教师批准后方可进行。

1. 选题内容

选题要符合本课程的教学要求，包含以下重要内容中的某一方面按要求进行深入的分析与设计。

（1）线性结构的主要内容有线性表、队列与栈的程序设计等。

（2）非线性结构的主要内容有二叉树、线索树、排序树、图等的程序设计等。

（3）查找和排序的常用算法。

2. 选题要求

（1）注意选题内容的先进性、综合性、实践性，应适合实践教学和启发创新，选题内容不应太简单，难度要适中。

（2）结合应用的实际情况进行选题。

（3）题目应具有相对完整的功能。

12.5　课程设计的实施步骤

1. 选题

指导教师在第三学期末根据数据结构课程设计的要求向学院上报数据结构课程设计的课题名称及进度、要求和预期经费,经学院审批后实施。学生根据自己的兴趣爱好按指导教师公布的课题进行选题,然后着手准备资料的查阅。学生也可以自己选题,但课题经过指导教师的批准后方可进行。

2. 制定具体的设计方案

学生应在指导教师的指导下着手进行程序设计总体方案的总结与论证。学生根据自己所接受的设计题目制定出具体的实施方案,报指导教师批准后开始实施。

3. 程序的设计与调试

学生在指导教师的指导下应完成所接受题目的程序设计工作,并上机调试和运行,最后得出预期的成果。

4. 撰写课程设计总结报告

课程设计总结报告是课程设计工作的整理和总结,主要包括课程设计的总体设计方案、算法设计、程序测试与调试等部分,最后写出课程设计的总结报告。

12.6　课程设计总结报告的撰写规范

课程设计总结报告是在完成设计、编程、调试后,对学生归纳技术文档、撰写科学技术总结报告能力的训练,以培养学生严谨的作风和科学的态度。通过撰写课程设计总结报告,不仅可以对设计、安装、调试及技术参考等内容进行全面总结,而且还可以把实践内容提升到理论高度。总结报告按如下顺序用 A4 纸打印(撰写)并装订成册:

(1) 封面(含数据结构课程设计课题名称、专业、班级、姓名、学号、指导教师等)。

(2) 设计任务和技术要求(由指导教师在选题时提供给学生)。

(3) 内容摘要。

(4) 目录。

(5) 正文,正文可按章节来撰写,应包含以下内容。

① 总体设计方案(方案的论证、框图等)。

② 数据结构和算法设计(数据结构的选择、算法原理阐述等)。

③ 程序设计(源程序清单与注释等)。

④ 程序调试与参数测试(使用程序调试的方法和技巧,选用合理的参数和数据进行程序系统测试等)。

⑤ 总结(使用价值、程序设计的特点,以及方案的优缺点、改进方向和意见)。

(6) 主要参考文献。

12.7　课程设计的上交材料

平时,学生应按规范撰写数据结构课程设计实验报告,并按时上交实验报告的书面材料。在完成大型设计作业题以后,学生应认真撰写数据结构课程设计总结报告,并上交数据结构课程设计总结报告的书面文档和电子文档各一份。

课程设计实践教学环节结束后,教师应将总结报告按要求装订后送交学院存档。

12.8　课程设计的成绩评定

本课程为考查课程。学生按要求上交课程设计的实验报告和总结报告,指导教师根据学生在课程设计中的表现、学生上交的数据结构课程设计实验报告和总结报告的内容、面试情况等进行综合成绩评定,其中平时的实验报告占 50%,课程设计总结报告占50%,成绩不合格者需要重修。

数据结构课程设计的最终成绩分为"优秀"、"良好"、"中等"、"及格"、"不及格"五级。90~100 分为"优秀",80~89 分为"良好",70~79 分为"中等",60~69 分为"及格",60 分以下为"不及格"。

第13章　数据结构课程设计安排

本章要点

◇ 顺序表及其基本操作

◇ 链表及其基本操作

◇ 栈、队列及其基本操作

◇ 树、二叉树及其基本操作

◇ 图的存储与遍历

◇ 查找、排序的实现

本章学习目标

◇ 掌握顺序表、栈、队列、图的数据结构表示方法

◇ 掌握顺序表、栈、队列、图的基本运算

◇ 了解一个系统的基本框架,掌握调试程序的基本方法

◇ 掌握查找、排序的常用算法

◇ 掌握课程设计实验报告和总结报告的书写方法

13.1　线性表(课程设计1)

13.1.1　顺序表的就地逆置

1. 目的要求

(1) 了解顺序表的特性,以及顺序表在实际问题中的应用。

(2) 掌握顺序表的实现方法,以及顺序表的基本操作。

2. 设计内容

设计一个算法,对顺序表实现就地逆置,即利用原表的存储空间将线性表$(a_1,a_2,\cdots,a_n)$逆置为$(a_n,a_{n-1},\cdots,a_1)$。

调试运行实例:

(1) 含多个结点的顺序表$(2,4,6,8,10)$。

(2) 含一个结点的顺序表(5)。

[解题思路]

线性表 $(a_1, a_2, \cdots, a_n)$ 是一种逻辑结构,若在计算机中对它采用顺序存储结构来存储,则就是顺序表;若在计算机中对它采用链式存储结构来存储,则就是链表,链表又分为单链表、循环链表、双向链表等。

在 C 语言中,可以利用数组表示顺序表。要利用原表的存储空间将顺序表 $(a_1, a_2, \cdots, a_n)$ 逆置为 $(a_n, a_{n-1}, \cdots, a_1)$,只需设置一个临时变量 temp,再从表头、表尾两个方向将元素对换即可。

例如,将数组 a 中的 10 个元素逆置存放并输出(如图 13.1 所示),参考程序如下:

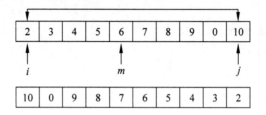

图 13.1　顺序表的逆置

```
void inv(int x[ ],int n)              /*形参 x 是数组名,n 是数组长度*/
{
  int temp,i,j,m = (n-1)/2;
  for(i = 0;i <= m;i++ )
     {j = n-i-1;
     temp = x[i];
       x[i] = x[j];
       x[j] = temp;}
  return(0);
}
main()
{
  int i,a[10] = {2,3,4,5,6,7,8,9,0,10};
  printf("\nThe original array:\n");
  for(i = 0;i < 10;i++ )
     printf("%d  ",a[i]);
  printf("\n");
  inv(a,10);                         /*实参 a 是数组名,10 是数组长度*/
  printf("The array has been inverted:\n");
  for(i = 0;i < 10;i++ )
     printf("%d  ",a[i]);
  printf("\n");
}
```

此算法的时间复杂度为 $O(n)$;算法的空间复杂度为 $O(1)$。请思考这是为什么?

如果题目要求所编程序既适用于含多个结点的顺序表,又适用于含一个结点的顺序表和空表,应该如何修改程序?

方法 1 参考程序如下：

```
# include < stdio.h>
main()
{int a[100];
 int i,n,temp;
 scanf(" % d",&n);
 for (i = 1;i <= n;i++)
    scanf(" % d",&a[i]);
 if (n == 0) printf("This is an empty list! \n");
    else {for (i = 1;i <= n;i++)
            printf(" % 6d",a[i]);
         printf("\n");
         for (i = 1;i <= n/2;i++)
            {temp = a[i];a[i] = a[n - i + 1];a[n - i + 1] = temp;}
         for (i = 1;i <= n;i++)
            printf(" % 6d",a[i]);
         printf("\n");
         }
}
```

方法 2 参考程序如下：

```
void invesqlist(x,n)
int x[],n;
    {int t,i,j,m = (n - 1)/2;
     for (i = 0;i <= m;i++)
            {j = n - 1 - i;
             t = x[i];x[i] = x[j];x[j] = t;
             }
        return;
        }

main()
{int i,a[5] = {2,4,6,8,10};
 for (i = 0;i < 5;i++)
     printf(" % d,",a[i]);
 printf("\n");
 invesqlist(a,5);
 for (i = 0;i < 5;i++)
     printf(" % d,",a[i]);
 printf("\n");
 }
```

方法 3 算法思路为：

(1) 建立顺序表。

(2) 打印顺序表。

（3）将顺序表就地逆置。

（4）再打印顺序表。

参考程序如下：

```
typedef int datatype;
# include <stdio.h>
# include <malloc.h>
# define maxsize 100                          /*顺序表中最大元素的个数*/
typedef struct
        {datatype data[maxsize];
        int last;                             /*顺序表中当前元素的个数*/
        }sqlist;
sqlist *L;
sqlist *init_sqlist()                         /*顺序表初始化,构造一个空表*/
{L=(sqlist *)malloc(sizeof(sqlist));
L->last=-1;
return L;
}


int insert_sqlist(sqlist *L, int i, datatype x)  /*插入结点*/
{int j;
 if(L->last>=maxsize-1)
   {printf("表满");
   return 0;
   }
     else if(i<1 || i>L->last+1)
         {printf("位置错误");
          return 0;
          }
         else {for(j= L->last; j>=i-1; i++)
               L->data[j+1]= L->data[j];
              L->data[i-1]=x;
              L->last++;
              return 1;
              }
}


sqlist *create_sqlist()                       /*建立顺序表*/
{int x, i=0;
L= init_sqlist();
scanf("%d(输入-1表示结束)",&x);
if(x==-1){printf("这是一个空顺序表!"); return 0;}
while(x != -1)
  { insert_sqlist(L, i, x);
    i++;
    scanf("%d(输入-1表示结束)",&x);
```

```
    }
  return L；
  }

void print_sqlist(sqlist * L)                    /* 输出顺序表 */
{int i；
    for(i = 0；i <= L -> last - 1；i++ )
    printf(" % 5d", L -> data[i])；
    printf("\n")；
}

sqlist * inverse_sqlist(sqlist * L)              /* 顺序表就地逆置 */
{int i, j, mid, temp；
mid = L -> last/2；
for(i = 0；i <= mid；i++ )
    {j = L -> last - 1 - i；
    temp = L -> data[i]；
    L -> data[i] = L -> data[j]；
    L -> data[j] = temp；
    }
return L；
}

void main()
{ sqlist * L；
 L = create_sqlist()；
 print_sqlist(L)；
 L = inverse_sqlist(L)；
 print_sqlist(L)；
}
```

13.1.2 单链表的就地逆置

1. 目的要求
(1) 了解各种链表的特性,以及它们在实际问题中的应用。
(2) 掌握单链表的实现方法,以及单链表的基本操作。

2. 设计内容
已知 head 是带头结点的单链表 $(a_1, a_2, \cdots, a_n)$ (其中 $n \geqslant 0$),有关说明如下:

```
typedef int datatype；
# include < stdio. h >
# define   NULL 0
typedef struct node
   {datatype data；
    struct node * next；
```

数据结构课程设计安排

```
        }linklist;
linklist * head;
```

要求利用原表的存储空间将其就地逆置为$(a_n, a_{n-1}, \cdots, a_1)$。

调试运行实例:

(1) 含多个结点的单链表(2,4,6,8,10),如图13.2所示。

(2) 含一个结点的单链表(5)。

(3) 空表()。

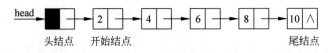

图13.2 带头结点的单链表示意图

[解题思路]

算法思路如下:

(1) 建立单链表。

(2) 打印单链表。

(3) 将单链表就地逆置。

(4) 再打印单链表。

参考程序如下:

```c
typedef int datatype;
# include < stdio. h >
# include < malloc. h >
# define NULL 0
typedef struct node
            {datatype data;
             struct node * next;
            }linklist;
linklist * head;

linklist * creatlist()                          /* 建立单链表 */
   {linklist * p, * q;
    int n = 0;
    p = q = (struct node * )malloc(sizeof(linklist));
    head = p;
    p - > data = 0;
    p - > next = NULL;
    p = (struct node * )malloc(sizeof(linklist));
    scanf(" % d",&p - > data);
    while(p - > data!= - 1)                      /* 输入 - 1 表示链表结束 */
        {n = n + 1;
         q - > next = p;
         q = p;
```

```
            p = (struct node * )malloc(sizeof(linklist));
            scanf(" % d",&p - > data);
        }
q - > next = NULL;
return head;
}


  void print(linklist * head;)                          /* 输出单链表 */
    {linklist * p;
     p = head - > next;
     if (p == NULL) printf("This is an empty list.\n");
        else
            {do  {printf(" % 6d",p - > data);  p = p - > next;
                }while(p! = NULL);
             printf("\n");
             }
        }


  linklist * invelist()                                 /* 单链表就地逆置 */
    {linklist * p, * q;
     p = head - > next;
     head - > next = NULL;
     while(p! = NULL)
     {q = p;
      p = p - > next;
      q - > next = head - > next;
      head - > next = q;
     }
   return(head);
  }


main()
{linklist * head;
 head = creatlist();
 print(head);
 head = invelist();
 print(head);
  }
```

单链表的就地逆置过程如图 13.3 所示。

请思考,此算法的时间复杂度是什么? 算法的空间复杂度又是什么? 为什么?

3. 思考题

已知单链表同图 13.2,如何使用栈来实现该单链表的逆置?

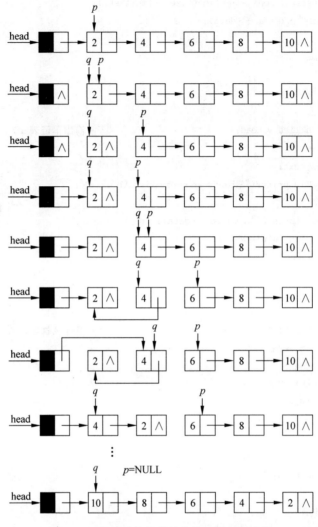

图 13.3　带头结点的单链表就地逆置示意图

13.2　栈(课程设计 2)

1. 目的要求

(1) 了解栈的特性,以及它在实际问题中的应用。

(2) 掌握栈的实现方法及其基本操作,学会运用栈来解决问题。

2. 栈的特性

栈(Stack)是限定在表尾进行插入和删除操作的线性表。其表尾称为栈顶(top),表头称为栈底(bottom)。栈的特点是后进先出(Last In First Out)。图 13.4 所示为栈的示意图。

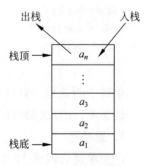

图 13.4　栈的示意图

3. 栈的基本操作

和线性表类似,栈也有两种存储结构,即顺序栈和链栈。

(1) 顺序栈可以定义为:

```
#define maxsize 100                    /* 栈的最大元素数为 100 */
typedef struct                         /* 定义顺序栈 */
    {datatype d[maxsize];
     int top;
    }seqstack;
seqstack * s;                          /* 定义顺序栈的指针 */
```

顺序栈的基本操作如下:

① 栈的初始化(建立一个空栈)。

```
void InitStack(seqstack * s)           /* 构造一个空栈 s */
{s->top=-1;
}
```

② 入栈操作。

```
seqstack * push(seqstack * s,datatype x)   /* 入栈 */
{if(s->top == maxsize - 1)
   {printf("栈已满,不能入栈! \n");
    return NULL;
   }
 else { s->top ++ ;                    /* 栈顶指针上移 */
        s->d[s->top] = x;              /* 将 x 存入栈中 */
        return s;
      }
}
```

③ 出栈函数。

```
datatype pop(seqstack * s)             /* 出栈 */
{ datatype y;
 if(s->top ==-1)
   { printf("栈为空,无法出栈! \n");
    return 0;
   }
 else { y = s->d[s->top];              /* 栈顶元素出栈,存入 y 中 */
        s->top -- ;                    /* 栈顶指针下移 */
        return y;
      }
}
```

④ 判栈空函数。

```
int StackEmpty(seqstack * s)
{if(s->top ==-1) return 1;             /* 栈为空时返回 1(真) */
```

```
    else return 0;                              /* 栈非空时返回 0(假) */
  }
```

(2) 链栈可以定义为:

```
#define NULL 0
typedef struct node                          /* 定义链栈结点类型 */
    {datatype data;
     struct node * next;
    }linkstack;
linkstack * top;                             /* 定义栈顶指针 */
```

链栈的基本操作如下:

① 栈的初始化(建立一个空栈)。

```
void init_linkstack(linkstack * top)
{top = NULL;
}
```

② 入栈操作。

```
linkstack * push_linkstack(linkstack * top, datatype x)
{linkstack * p;
 p = (linkstack * )malloc(sizeof(linkstack));    /* 开辟新结点 */
 p->data = x;
 p->next = top;
 top = p;
 return top;
}
```

③ 出栈函数。

```
datatype pop_linkstack(linkstack * top)              /* 出栈 */
{ datatype y;
 linkstack * p;
 if(top == NULL)
   { printf("栈为空,无法出栈! \n");
     return 0;
   }
  else { p = top;
        y = top->data;                               /* 栈顶元素出栈,存入 y 中 */
        top = top->next;                             /* 栈顶指针下移 */
        free(p);                                     /* 释放存储空间 */
        return y;
       }
}
```

④ 判栈空函数。

```
int empty_linkstack(linkstack * top)
{if(top == NULL) return 1;                           /* 栈为空时返回 1(真) */
 else return 0;                                      /* 栈非空时返回 0(假) */
}
```

13.2.1　用栈逆置一个单链表

请设计一个算法,利用一个栈将一个单链表$(a_1, a_2, \cdots, a_n)$(其中 $n \geqslant 0$)逆置为$(a_n, a_{n-1}, \cdots, a_1)$。

调试运行实例:

(1) 含多个结点的顺序表(2,4,6,8,10),如图 13.5 所示。

(2) 含一个结点的顺序表(5)。

(3) 空表()。

[解题思路]

算法思路如下:

(1) 建立一个带头结点的单链表 head。

(2) 输出该单链表。

(3) 建立一个空栈 s。

(4) 依次将单链表的数据入栈。

(5) 依次将单链表的数据出栈,并逐个将出栈的数据存入单链表的数据域(自前向后)。

(6) 再输出单链表。

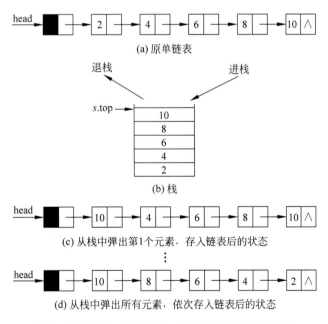

(a) 原单链表

(b) 栈

(c) 从栈中弹出第1个元素,存入链表后的状态

(d) 从栈中弹出所有元素,依次存入链表后的状态

图 13.5　利用一个栈逆置一个单链表的过程示意图

参考程序如下(采用顺序栈实现):

```
typedef int datatype;
#include < stdio.h>
```

```
#define NULL 0
#define maxsize 100                        /* 设栈的最大元素数为 100 */
typedef struct node
   {datatype data;
    struct node * next;
   }linklist;
linklist * head;                           /* 定义单链表的头指针 */
typedef struct                             /* 定义顺序栈 */
   {datatype d[maxsize];
    int top;
   }seqstack;
seqstack * s;                              /* 定义顺序栈的指针 */

linklist * creatlist()                     /* 建立单链表 */
  {linklist * p, * q;
   /* int n = 0; */
   p = q = (struct node * )malloc(sizeof(linklist));
   head = p;
   p -> next = NULL;                       /* 头结点的数据域不存放任何东西 */
   p = (struct node * )malloc(sizeof(linklist));
   scanf(" % d",&p -> data);
   while(p -> data! =- 1)                  /* 输入 - 1 表示链表结束 */
      {/* n = n + 1; */
       q -> next = p;
       q = p;
       p = (struct node * )malloc(sizeof(linklist));
       scanf(" % d",&p -> data);
      }
q -> next = NULL;
return head;
}

 void print(linklist * head;)              /* 输出单链表 */
  {linklist * p;
   p = head -> next;
   if (p == NULL) printf("This is an empty list. \n");
      else
         {do  {printf(" % 6d",p -> data);   p = p -> next;
            }while(p! = NULL);
          printf("\n");
          }
      }


Seqstack *  InitStack()
```

```
{
seqstack * s1;
s1 = (seqstack * )malloc(sizeof(seqstack));
s1 -> top = - 1;
return s1;
}


datatype pop(seqstack * s)                    /* 出栈 */
{ datatype y;
  if(s -> top ==- 1)
    { printf("栈为空,无法出栈! \n");
      return 0;
    }
    else { y = s -> d[s -> top];              /* 栈顶元素出栈,存入 y 中 */
        s -> top -- ;                         /* 栈顶指针下移 */
        return y;
      }
}


int StackEmpty(seqstack * s)
{if(s -> top ==- 1) return 1;                 /* 栈为空时返回 1(真) */
 else return 0;                               /* 栈非空时返回 0(假) */
}

linklist * back_linklist(linklist * head)     /* 利用栈 s 逆置单链表 */
    {linklist * p;
    p = head -> next;                         /* p 指向开始结点 */
    s = InitStack();                          /* 构造一个空栈,即栈的初始化 */
    while(p)
     {push(s, p -> data);                     /* 链表结点中的数据入栈 */
      p = p -> next;                          /* p 指针后移 */
      }
    p = head -> next;                         /* p 再指向开始结点 */
    while(! StackEmpty(s))                    /* 当栈 s 非空时循环 */
     { p -> data = pop(s);                    /* 数据出栈,并存入 p 所指结点的数据域 */
      p = p -> next;                          /* p 指针后移 */
      }
    return head;
    }
```

数据结构课程设计安排

```
main()
{ linklist * head;
  head = creatlist();
  print(head);
  head = back_linklist(head);
  print(head);
}
```

此算法的时间复杂度为 $O(n)$；算法的空间复杂度为 $O(n)$。

13.2.2 共享栈的设计

设两个顺序栈共享存储空间，试写出两个栈公用的栈操作算法 push(x, k) 和 pop(k)，其中 k 为 0 或 1，分别用来表示两个不同的栈号。请编写一个完整的程序实现。

假设两个栈共享的一维数组空间最大容量为 10，测试数据如下：

(1) 0 号栈入栈元素为 (1, 2, 3, 4, 7, 8, 10)，1 号栈入栈元素为 (0, 5, 6)。

(2) 0 号栈入栈元素为 (1, 2)，1 号栈入栈元素为 (0, 3, 4, 5, 6, 7, 8, 9)。

(3) 首先 0 号栈入栈元素 (0, 1)，然后 1 号栈入栈元素 (2, 3, 4)，最后 0 号栈入栈元素 (5, 6, 7, 8, 9)。

提示：可以将程序编成菜单形式的操作界面，以便重复执行。

[解题思路]

线性表 $(a_0, a_1, \cdots, a_n)$ 是一种逻辑结构，若在计算机中对它采用顺序栈存储结构来存储，则就是栈表。两个栈表共享一段内存空间如图 13.6 所示。

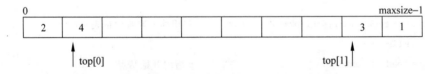

图 13.6 两个栈表共享一段内存空间示意图

在数据结构中用 C 语言来描述时，可以利用数组表示顺序表。将两个原表 A 和 B 存放在一个数组的存储空间 $(a_0, a_1, a_2, \cdots, a_{maxsize-1})$ 中，实现方法是：设置两个栈顶指针变量 top[0] 和 top[1]，开始时 top[0] = −1 和 top[1] = maxsize 表示两个栈均为空，然后根据变量 k 是 0 还是 1，分别进行入栈和出栈操作。具体实现时，还要编写一个完整的程序，用主函数调用这里的函数来完成出入栈的操作。共享顺序栈的类型定义和进出栈算法如下：

```
# include < stdio. h >
# define maxsize 100
typedef int datatype;
typedef struct{
    datatype data[maxsize];
```

```
    int   top[2];
    }sqstack;                          //定义一个结构体类型 sqstack

sqstack  a, * ss;                      //定义一个结构体类型变量 a 和指针变量 ss

void   init(sqstack * s)                //初始化两个栈均为空栈,s 是指向栈类型的指针
  { s -> top[0] = - 1;                  //top[0]、top[1]分别是第 0 和第 1 个栈的栈顶指针
    s -> top[1] = maxsize;
    }

int push(sqstack  * s,datatype  x,int  k)  //入栈操作
  {                                    //s 是指向栈类型的指针,x 是将要入栈的数据,k 是栈号
    if (s -> top[0] + 1 == s -> top[1])
    {printf("两个栈均满,不能进栈!"); return 0;}
    if(k == 0)s -> top[k] ++ ;         //改栈顶指针加 1 或减 1,来选择不满的栈
      else   s -> top[k] -- ;
    s -> data[s -> top[k]] = x;        //将 x 插入当前栈顶
        return 1;
    }

int pop(sqstack * s,datatype  * x,int  k){    //出栈操作,栈顶元素由参数返回
    if (k == 0&&s -> top[0] == - 1)||( k == 1&&s -> top[1] == maxsize)
    {printf("栈空,不能退栈!"); return 0;}
    * x = s -> data[s -> top[k]];       //取出栈顶元素值给 x
    if(k == 0)s -> top[k] -- ;          //修改栈顶指针加 1 或减 1,来选择不满的栈
      else s -> top[k] ++ ;
    return 1;
    }
```

13.3   队列(课程设计 3)

1. 目的要求

(1) 了解队列的特性,以及它在实际问题中的应用。

(2) 掌握队列的实现方法以及它的基本操作,学会运用队列来解决问题。

2. 主要内容

请设计一个算法,用一个栈 s 将一个队列 Q 逆置:

(1) 要求采用顺序栈和循环队列(顺序队列)来实现。

(2) 要求采用链栈和链队列来实现。

调试运行实例:

(1) 含多个元素的队列(2,4,6,8,10)。

(2) 含一个元素的队列(5)。

(3) 空队列()。

3. 队列的特性

队列(Queue)是限定在一端进行插入,在另一端进行删除操作的线性表。其允许插入的一端称为队尾(rear),允许删除的一端称为队头(front)。栈的特点是先进先出(First In First Out)。

队列也有顺序存储和链式存储两种存储结构,分别称为顺序队列和链队列。队列的示意图如图 13.7 所示。

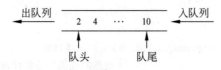

图 13.7 队列的示意图

队列的顺序存储结构称为顺序队列,顺序队列实际上是运算受限的顺序表。和顺序表一样,顺序队列也必须用一个向量空间来存放当前队列中的元素。由于队列的队头和队尾的位置是变化的,因此要设两个指针 front 和 rear,分别指示队头和队尾元素在队列中的位置。为了在 C 语言中描述方便,在初始化建空队列时,front=rear =0。入队时将新元素插入队尾,然后将 front 加 1。出队时,删去队头元素,然后将 rear 加 1。由此可见,当头尾指针相等时队列为空。在非空队列里,头指针 rear 始终指向队头元素,而尾指针 front 始终指向队尾元素的下一位置。头尾指针和队列中元素之间的关系如图 13.8 所示。

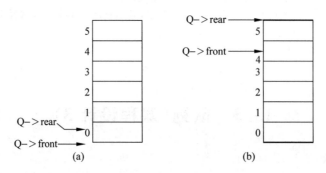

图 13.8 头、尾指针和队列中元素之间的关系

图 13.8(a)为初始化建立的空队列示意图,此时,front=rear=0。每当插入一个队尾元素时,尾指针增 1,即 rear++;每当删除一个队列头元素时,头指针增 1,即 front++。因此,在非空队列中,头指针始终指向队头元素,而尾指针始终指向队尾元素的下一位置。由于在入队和出队的操作中,头尾指针只增加不减小,致使被删除元素的空间永远无法重新利用,因此,尽管队列中实际的元素个数远远小于向量空间的规模,但也可能由于尾指针已超出向量空间的上界而不能做入队操作,该现象称为"假上溢"。由此可见,对于空顺序队列,有 Q->front==Q->rear。

为充分利用向量空间,避免上述假上溢现象,一个较为巧妙的方法是设想将顺序队列的起始边和终端边粘起来，成为一个首尾相接的圆环，称之为循环队列（Circular Queue），如图 13.9 所示。在循环队列中，指针和队列元素之间的关系不变，即进行出队、入队操作时，头、尾指针仍要加 1，朝前移动。只不过当头尾指针指向上界（maxsize−1）时，其加 1 操作的结果是指向下标为 0 的队列空间。

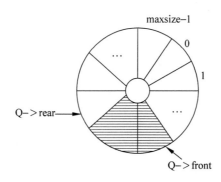

图 13.9　循环队列示意图

此时，只凭等式 Q−>front == Q−>rear 无法判别循环队列空间是"空"还是"满"，因此可以采用下列处理方法：少用一个元素空间，约定以"队头指针在队尾指针的下一位置（指环状的下一位置）上"作为循环队列满的标志。因此，循环队列满的条件是：

（Q−>rear + 1） % maxsize == Q−>front

循环队列空的条件仍是：

Q−>front == Q−>rear

在循环队列中，将元素 x 入队的主要操作为：

Q−>d[Q−>rear] = x;
Q−>rear = (Q−>rear + 1) % maxsize;

若循环队列非空，则将队头元素出队的主要操作为：

y = Q−>d[Q−>front];
Q−>front = (Q−>front + 1) % maxsize;

4. 队列的基本操作

（1）循环队列可以定义为：

```
# define maxsize 100              /*队列的最大元素数为 100*/
typedef struct                    /*定义循环队列*/
    {datatype d[maxsize];
     int front;                   /*头指针,若队列不空,则指向队头元素*/
     int rear;                    /*尾指针,若队列不空,则指向队尾元素的下一位置*/
     }sequeue;
sequeue *Q;                       /*定义循环队列的指针*/
```

循环队列的基本操作如下：

① 队列的初始化(建立一个空循环队列)。

```
void InitQueue(sequeue * Q)              /* 构造一个空队列 Q */
{ Q-> front =  Q-> rear = 0;
}
```

② 入队列操作。

```
sequeue  * EnQueue(sequeue * Q, datatype x)    /* 入队列 */
{if((Q-> rear + 1) % maxsize == Q-> front)
   { printf("队列已满,不能入队! \n");
    return NULL;
   }
  else { Q→d[Q-> rear] = x;              /* 将 x 插入队尾 */
       Q-> rear =(Q-> rear + 1) % maxsize;    /* 队尾指针后移 */
       return Q;
      }
}
```

③ 出队列函数。

```
datatype DeQueue(sequeue * Q)            /* 出队列 */
{datatype y;
 if(Q-> front ==  Q-> rear)
   { printf("队列为空,无法出队! \n");
    return 0;
  }
 else { y= Q-> d[Q-> front];            /* 队头元素出队,存入 y 中 */
      Q-> front =(Q-> front + 1) % maxsize;    /* 队头指针后移 */
      return y;
     }
}
```

④ 判空队列函数。

```
int QueueEmpty(sequeue * Q)
{if(Q-> front ==  Q-> rear) return 1;      /* 队列为空时返回 1 */
 else return 0;                    /* 队列非空时返回 0 */
}
```

⑤ 取队头元素函数。

⑥ 队列置空函数。

⑦ 求已知队列当前所含元素的个数。

(2) 链队列可以定义为:

```
#define NULL 0
typedef struct node                 /* 定义链队列结点类型 */
     {datatype data;
      struct node * next;
     }linkqueue;
```

```
typedef struct                                    /*封装队头指针和队尾指针*/
    {linkqueue * front;                           /*定义队头指针*/
     linkqueue * rear;                            /*定义队尾指针*/
    }Lqueue;
```

链队列空的条件是 front＝＝NULL；链队列满的情况只有在内存空间不足时才会发生，一般不予考虑。链队列示意图如图 13.10 所示。

链队列的基本操作如下：

① 队列的初始化(建立一个空链队列)。

```
void InitQueue(Lqueue * Q)
{Q->front = (linkqueue *)malloc(sizeof(linkqueue));
 if(! Q->front) printf("Overflow!");              /*存储分配失败*/
   else{Q->front->next = NULL;
        Q->rear = Q->front;
       }
}
```

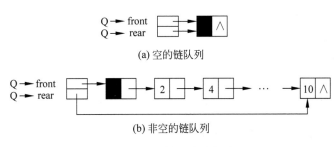

(a) 空的链队列

(b) 非空的链队列

图 13.10　链队列示意图

② 入队列操作。

```
linkqueue * EnQueue(Lqueue * Q, datatype x)
{linkqueue * p;
 p = (linkqueue *)malloc(sizeof(linkqueue));      /*开辟新结点*/
 if(! p) printf("Overflow!");                     /*存储分配失败*/
   else{p->data = x;
        p->next = NULL;
        Q->rear->next = p;
        Q->rear = p;
       }
 return Q;
}
```

③ 出队列函数。

```
datatype DeQueue(Lqueue * Q)
{datatype y;
 linkqueue * p;
 if(Q->rear == Q->front)
   {printf("队列为空,无法出队! \n");
```

数据结构课程设计安排

```
            return 0；
        }
    else {p = Q->front->next；
        y = p->data；                    /* 队头元素出队,存入 y 中 */
        Q->front->next = p->next；        /* 队头指针后移 */
        if(Q->rear == p) Q->rear = Q->front；
                                         /* 原来只有一个结点,出队后为空队列 */
        free(p)；                         /* 释放存储空间 */
        return y；
        }
}
```

④ 判空队列函数。

```
int QueueEmpty(Lqueue * Q)
{if(Q->rear = Q->front) return 1；        /* 队列为空时返回 1 */
 else return 0；                          /* 队列非空时返回 0 */
}
```

⑤ 取队头元素函数。

⑥ 队列置空函数。

⑦ 求已知队列当前所含元素的个数。

5. 设计思路

可先建立一个队列和一个空栈,然后利用栈来逆置队列,如图 13.11 所示。

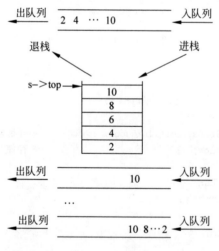

图 13.11　利用一个栈逆置队列示意图

方法 1　采用顺序栈和循环队列(顺序队列)来实现。

(1) 建立一个队列。

(2) 输出该队列。

(3) 建立一个空栈 s。

(4) 依次将队列元素全部出队,并逐个入栈。

（5）依次将栈内的全部数据出栈，并逐个将出栈的数据插入队列中。

（6）再次输出队列（已完成逆置）。

参考程序如下：

```
typedef int datatype;              /* 定义部分 */
# include < stdio. h >
# define NULL 0
# define maxsize 100              /* 设栈和队列的最大元素数为 100 */
typedef struct                    /* 定义顺序栈 */
    {datatype d[maxsize];
     int top;
    }seqstack;
seqstack * s;                     /* 定义顺序栈的指针 */
typedef struct                    /* 定义循环队列 */
    {datatype d[maxsize];
     int front;                   /* 头指针,若队列不空,则指向队头元素 */
     int rear;                    /* 尾指针,若队列不空,则指向队尾元素的下一位置 */
    }sequeue;
sequeue * Q;                      /* 定义循环队列的指针 */

sequeue * CreateQueue()           /* 建立一个队列 */
 {sequeue * Q;
  datatype x;
  InitQueue(Q);                   /* 构造一个空队列 */
  scanf(" % d",&x);
  while(x !=- 1)                  /* 输入 - 1 表示队列结束 */
     {
       EnQueue(Q, x)             /* 将输入的数据 x 入队 */
       scanf(" % d",&x);
     }
  return Q;
 }

void print(sequeue * Q)           /* 输出队列 */
{
    if (Q - > front == Q - > rear)
      printf("这是一个空对列! \n");
    else
    {
        int tmp_front = Q - > front;
        do{
            printf(" % 6d",Q - > d[Q - > front]);
            Q - > front ++ ;
        }while(Q - > front! = Q - > rear);
        printf("\n");
        Q - > front = tmp_front;
    }
}

sequeue * InverseQueue(sequeue * Q)    /* 利用栈 s 逆置队列 Q */
 {seqstack * s;
  s = (seqstack * )malloc(sizeof(seqstack));
```

数据结构课程设计安排

```
    InitStack(s);                /*构造一个空栈,即栈的初始化*/
    while(! QueueEmpty(Q))       /*当队列非空时循环*/
     {push(s, DeQueue(Q));       /*队头元素出队并入栈*/
     }
    while(! StackEmpty(s))       /*当栈 s 非空时循环*/
     {EnQueue(Q, pop(s));        /*数据出栈并入队列*/
     }
    return Q;
   }

main()
{sequeue  * Q;
 Q = CreateQueue();
 print(Q);
 Q = InverseQueue(Q);
 print(Q);
}
```

方法 2　采用链栈和链队列来实现(算法步骤同上)。

(1) 建立一个队列。

(2) 输出该队列。

(3) 建立一个空栈 s。

(4) 依次将队列元素全部出队,并逐个入栈。

(5) 依次将栈内的全部数据出栈,并逐个将出栈的数据插入队列中。

(6) 再次输出队列(已完成逆置)。

请思考,如果采用方法 2,上述程序应当如何修改?

13.4　树和二叉树(课程设计 4)

1. 目的要求

(1) 了解树和二叉树的特性,以及它们在实际问题中的应用。

(2) 掌握树和二叉树的实现方法及其基本操作,学会运用树和二叉树来解决问题。

2. 设计内容

(1) 用菜单驱动的方法,编写一个完整的程序,生成一棵二叉树,并输出二叉树的所有结点。

(2) 编写一个完整的程序,实现利用哈夫曼算法建立哈夫曼树,并输出这棵树中所有结点数据。

13.4.1　二叉树的生成

与普通链式存储一样,二叉树的链式存储可以是"静态"的,也可以是"动态"的。常用的是动态链式存储,这时一般不用担心空间溢出问题,也不必关心存储管理的细节(由系统完成)。在此使用动态链表存储二叉树。

二叉链表是二叉树最常用的存储结构,其中每个结点除了存储结点本身的数据外,还设置两个指针域 lchild 和 rchild,分别指向该结点的左孩子和右孩子。

二叉链表的类型定义如下:

```
typedef  struct node  * pointer;
typedef  struct  node
    ﹛datatype  data;
      pointer  lchild,rchild;
    ﹜;
typedef  pointer  bitree;
```

这里定义的两个相同类型的变量 pointer 和 bitree,前者用于指向链表中的一般结点,后者用于指向链表中的根结点,即代表二叉链表。

图 13.12 所示为二叉树的二叉链表。若二叉树为空,则 root＝NULL。若结点的某个孩子不存在,则相应的指针为空。一般地,具有 n 个结点的二叉树中,一共有 $2n$ 个指针域,其中 $n+1$ 个指针域为空。这是因为除根以外,其余结点都是孩子,有 $n-1$ 个,每个孩子用掉一个(双亲的)指针,故空指针个数为 $2n-(n-1)=n+1$。

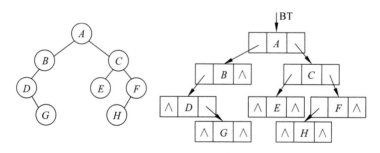

图 13.12　二叉树和对应的二叉链表

设计内容:用菜单驱动的方法,编写一个完整的程序,生成一棵二叉树,并输出二叉树的所有结点。

［解题思路］

二叉树的生成是指如何在内存中建立二叉树的存储结构。建立顺序存储结构的问题较简单,这里仅讨论如何建立二叉链表。要建立二叉链表,就需要按照某种方式输入二叉树的结点及其逻辑信息。注意,对二叉树遍历时,不仅得到了结点信息,而且由序列中结点的先后关系还可获得一定的逻辑信息,如果这些信息充足,就可根据遍历序列生成相应的二叉树。

二叉树的生成方法就是基于遍历序列的,相当于遍历问题的逆问题,即由遍历序列反求二叉树,这需要分析和利用二叉树遍历序列的特点。可以在下列两种方法中任选一种。

1. 用先根序列建立二叉树

二叉树的结点按相应的遍历过程逐个生成。类似于层次遍历,如果不对遍历序列做些补充,是不能完整反映结点间的逻辑关系的,也就不能得到正确的结果。补充的方法

数据结构课程设计安排

也是增加虚结点,但这里只需对空指针对应的位置进行补充,而不必补充到完全二叉树的形式。以先根遍历为例,图 13.12 所示的二叉树的先根输入序列为:

$$ABD@G@@@CE@@FH@@@$$

其中@表示虚结点,这里不需要结束符。算法过程为:先生成根结点,再生成左子树,然后生成右子树,左右子树的生成采用递归方式。在具体做本实验时,还需编写一个主函数调用这个函数以生成二叉树。最后输出二叉树的结点序列。

算法如下(这里假设结点的数据类型为 char,输入以@结束):

```
bitree  pre_creat()
 {                              //由先根序列建立二叉树,返回根指针
  bitree  t;
  char ch;
  scanf("%c",&ch);             //输入一个结点数据
  if(ch == '@')
  return   NULL;               //虚结点
  t = new node;                //申请结点空间,生成根结点
  t -> data = ch;
  t -> lchild = pre_creat();   //生成左子树
  t -> rchild = pre_creat();   //生成右子树
  return   t;
 }
```

该算法的调用形式为 bitree t;t=pre_creat( )等。

请思考,能否使用先序、中序遍历二叉树的方法来建立一棵二叉树?如果能,应怎样建立?你能用非递归的方法建立二叉树吗?

2. 按完全二叉树的层次顺序,依次输入结点信息来建立二叉链表

因为完全二叉树的层次遍历序列中,结点间的序号关系可反映父子关系,即逻辑关系。对一般的二叉树,要补充若干个虚结点使其成为完全二叉树后,再按其层次顺序输入。例如,仅含 3 个结点 A、B、C 的右单支树,按完全二叉树的形式输入的结点序列为:$A@B@@@C\sharp$,其中@表示虚结点,$\sharp$ 表示输入结束。

算法的基本思想是:依次输入结点信息,若输入的结点不是虚结点,则建立一个新结点;若新结点是第一个结点,则令其为根结点;否则将新结点作为孩子链接到它的双亲结点上。如此重复下去,直至输入字符"$\sharp$"为止。

这里的关键是新结点与其双亲的链接。由于是按层次自左至右输入结点的,因此先输入的结点,其孩子也必定较先输入,即结点与其孩子具有先进先出的特点。于是可设置一个队列,保存已输入结点的地址。这样,队尾是当前正输入的结点,队头是其双亲结点。当队头结点的两个孩子都输入完毕后,出队,新的队头是下一个要输入孩子的双亲结点。如此重复下去,直到输入结束符为止。

双亲与孩子的链接方法是:若当前输入的结点编号是偶数,则该结点作为左孩子与其双亲链接;否则作为右孩子与其双亲链接。若双亲结点或孩子结点为虚结点,则无需链接。

如果采用顺序队列,则队列是一个指针数组。为使队列元素在数组中的下标与其结点的层序编号一致,数组从下标 1 开始使用(注意,这里不是循环队列)。具体算法如下:

```
pointer Q[max + 1];                    /*非循环队列,有效下标从 1 到 max + 1 为最大结点数*/
bitree level _creat()
{                                      //按层次建立二叉树,返回根指针
char ch;
int  front,  rear;
pointer  root,  s;
root = NULL;                           //置空二叉树
front = rear = 0;                      //置空队列
printf("请输入一个字符\n");
scanf(" % c",&ch);
while(ch! = '♯')                       //输入字符,若不是结束符则循环
{
if(Ch!  = '@')
 {                                     //非虚结点,建立新结点
    s = new   node;                    //申请一个新结点
    s - > data = Ch;
s - > lchild = s - > rchild = NULL;
}
else  s = NULL;
rear ++ ;
Q[rear] = s;                           //不管结点是否为虚结点,都要入队
if(rear == 1)
  {root = s;front = 1;}                 //第一个结点是根结点,要修改头指针,它不是孩子
else
{
    if (s&&Q[front])                   //孩子和双亲都不是虚结点
        if(rear % 2 == 0)
            Q[front] - > lchild = s;   //rear 是偶数,新结点是左孩子
        else
            Q[front] - > rchild = s;   //rear 是奇数,新结点是右孩子

    if (rear % 2! = 0)
        front ++ ;                     //不管右孩子是否为虚结点,处理完后,双亲都要出队
}
    scanf(" % c",&ch);
}
```

13.4.2　最优二叉树(哈夫曼树)的建立

　　在许多应用中,常常对树中结点赋一个有某种实际意义的数,称为该结点的权。结点到树根之间的路径长度与该结点权的乘积称为该结点的带权路径长度。树的(外部)带权路径长度 (Weighted Path Length)定义为树中所有叶子结点的带权路径长度之和,通常记为:

$$\text{WPL} = \sum_{i=1}^{n} w_i l_i$$

其中,n 表示子结点的数目,w 和 l 分别表示叶结点 i 的权值和它到根之间的路径长度。在权为 $w_1, w_2, \cdots, w_n$ 的 n 个叶结点的所有二叉树中,带权路径长度 WPL 最小的二叉树

为哈夫曼树。

1. 哈夫曼算法(构造哈夫曼树的方法)

(1) 首先,根据给定的 n 个权值 $w_1, w_2, \cdots, w_n$ 构造含有 n 棵二叉树的森林 $F = \{T_1, T_2, \cdots, T_n\}$,其中每棵二叉树 T_i 中只有一个权值为 W_i 的根结点,没有左右子树。

(2) 在森林 F 中选出两棵根结点权值最小的树(当这样的树不止两棵树时,可从中任选两棵),将这两棵树合并成一棵新的二叉树。这时会增加一个新的根结点,它的权取为原来两棵树的根的权值之和,而原来的两棵树就作为它的左右子树(谁左谁右无关紧要)。

(3) 对新的森林 F 重复步骤(2),直到森林 F 中只剩下一棵树为止。这棵树便是哈夫曼树。

由算法知,哈夫曼树不一定唯一(但 WPL 是相同的,并且都为最小),原因在于每次合并时,原两棵树谁左谁右,以及候选的树有多棵时选哪两棵等。

在哈夫曼算法中,初始森林共有 n 棵二叉树,每棵树中仅有一个结点,它们既是根,又是叶子。算法的第二步是将当前森林中的两棵根结点权值最小的二叉树合并成一棵新二叉树。每合并一次,森林中就减少一棵树。显然,要进行 $n-1$ 次合并,才能使森林中二叉树的数目由 n 棵减少到只剩一棵,即最终的哈夫曼树。

另外,每合并一次都要产生一个新结点,合并 $n-1$ 次共产生 $n-1$ 个新结点。由此可知,最终求得的哈夫曼树中共有 $n+(n-1)=2n-1$ 个结点,其中的叶结点就是初始森林中的 n 个孤立结点。

在哈夫曼树中,每个分支结点都是在合并过程中产生的,它们的度为 2,所以树中没有度为 1 的分支结点。

2. 设计内容

编写一个完整的程序,实现利用哈夫曼算法建立哈夫曼树,并输出这棵树中所有结点数据。

[解题思路]

(1) 所采用的数据结构:用向量(含 $2n-1$ 个元素)来存储哈夫曼树中的结点,其存储结构为:

```
#define  n  20                    //叶子结点数,假设为 20
#define  rn  2*n-1                //结点总数
typedef  int datatype;
typedef struct
    {float  weight;
     int  parent, lchild, rchild;
    }nodetype;                    //结点类型
typedef nodetype hftree[m];       //哈夫曼树类型,数组从 0 号单元开始使用
hftree T;                         //哈夫曼树向量
```

其中,每个结点包括 4 个域,weight 是结点的权值,lchild、rchild 分别为结点的左、右孩子在向量中的下标,叶结点的这两个指针值为 -1;parent 是结点的双亲在向量中的下

标。这里设置 parent 域不仅可使以后涉及双亲的运算简便,还可在合并时区分根和非根结点,若 parent 的值为−1,则该结点无双亲,即为根结点,尚未合并过。之所以要区分根与非根结点,是因为每次合并两棵二叉树时,要先在当前森林的所有结点中找两个权值最小的根结点。因此,有必要为每个结点设置一个标记以区分根和非根结点。

(2) 哈夫曼算法可粗略地描述如下:

① 初始化:将初始森林的各根结点(叶子)的双亲和左、右孩子指针置为−1。

② 输入叶子权:叶子在向量 T 的前 n 个分量中,构成初始森林的 n 个根结点。

③ 合并:对森林中的树进行 $n-1$ 次合并,共产生 $n-1$ 个新结点,依次放入向量 T 的第 i 个分量中($n \leqslant i \leqslant m-1$)。每次合并的步骤如下:

- 在当前森林的所有结点 $T[j]$($0 \leqslant j \leqslant i-1$)中,选取具有最小权值和次小权值的两个根结点,分别用 p_1 和 p_2 记这两个根结点在向量 T 中的下标。
- 将根为 $T[p_1]$ 和 $T[p_2]$ 的两棵树合并,使其成为新结点 $T[i]$ 的左、右孩子,得到一棵以新结点 $T[i]$ 为根的二叉树。同时修改 $T[p_1]$ 和 $T[p_2]$ 的双亲域,使其指向新结点 $T[i]$,这就意味着它们在当前森林中已不再是根。$T[p_1]$ 和 $T[p_2]$ 的权值相加后,作为新结点 $T[i]$ 的权值。

求精后的哈夫曼算法如下:

```
void huffman(hftree  T)
 {int  i, j, p1 ,p2;          //p1、p2 记当前所选权值最小的两棵树的根结点在向量 T 中的下标
  float   sm1,sm2;
  for(i = 0; i<n; i++ )
     {                         //初始化,根结点(叶子)的双亲和左、右孩子指针置为−1
      T[i].Parent = −1;
      T[i].lchild = T[i].rchild = −1;
     }
  for(i = 0; i<n; i++ )       //输入 n 个叶子的权值
    scanf ("% f",&T[i].weight);

  for(i = n; i<m; i++ )       //第 i 次合并,产生第 i 棵新树(结点),共进行 n−1 次合并
 {p1 = p2 = −1;               //此句可不要
   sm1 = sm2 = max;           //max 为 float 型的最大值,它大于所有结点的权值
   for (j = 0; j<= i−1; j++ ) //从第 0 至第 i−1 棵树中找两个权值最小的根结点,作
                              //为第 i 个生成的新树
      {if (T[j].parent != −1) continue; //不考虑已合并的点,双亲域不为−1 时就不是根
       if (T[j].weight < sm1)   //修改最小权和次小权及位置
          {sm2 = sm1;          //sm1 记当前找到的最小者权值,sm2 记次小者权值
            sm1 = T[j].weight;
            p2 = p1;           //p1 记当前找到的权值最小者结点的下标
                              // p2 记当前权值次小者结点的下标

            p1 = j;
         }
      else
        if(T[j].weight<sm2 =   //修改次小权及位置
          {sm2 = T[j].weight;   // sm2 记次小权值
```

```
            p2 = j;}                   // p2 记次小权值结点在数组中的下标
        }
    T[p1].parent = T[p2].Parent = i;  //对当前被找到的两棵根权值最小数进行合并
                                      //使这两个结点 p1,p2 的双亲在数组中的下标为 i
        T[i].parent = - 1;            //新根的双亲为-1,它没有双亲
        T[i].lchild = p1;             //修改新根结点的左孩子在向量中的下标为 p1
        T[i].rchild = p2;             //修改新根结点的右孩子在向量中的下标为 p2
        T[i].Weight = sm1 + sm2;      //修改新根结点权值为其左、右孩子的权值之和
    }
}
```

注意：虽然哈夫曼树不一定唯一,但由算法 huffman 得到的结果是唯一的。

13.5 图(课程设计 5)

1. 目的要求

(1) 了解图的特性,以及它们在实际问题中的应用。

(2) 掌握图的实现方法及其基本操作,学会运用图来解决问题。

2. 图的存储结构

题目一：对图 13.13(a)所示的无向图,编写一个完整的程序,建立其邻接矩阵,并输出此邻接矩阵。

[**解题思路**]

若图为非权图,则邻接矩阵 A 为：

$$a_{ij} = \begin{cases} 0 & \text{顶点 } v_i, v_j \text{ 之间无边} \\ 1 & \text{顶点 } v_i, v_j \text{ 之间有边}, <v_i, v_j> \text{ 或}(v_i, v_j) \text{ 是 } G \text{ 的边} \end{cases}$$

称矩阵 A 为图的邻接矩阵。矩阵 A 中的行、列号对应于图中顶点的序号,如图 13.13(b)所示。

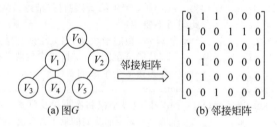

(a) 图 G   (b) 邻接矩阵

图 13.13　图及其邻接矩阵

(1) 采用的数据结构与算法如下：

```
#define  max  100                 //顶点数的最大值
typedef  int  datatype
typedef  struct {
datatype  edges [max + 1];        //顶点信息
```

```
mattype   admat{max + 1][max + 1];        //邻接矩阵 0 行 0 列不用,mattype 是 char 或权值类型
int n,e;}graph;                           //n,e 为顶点数和边数
```

（2）建邻接矩阵（对无向图）的参考算法如下：

```
void  Create_Graph(graph   * ga)
{
    int   i,j ,k;
   for(i = 1; i < = n; i++ )
    for(j = 1; j < = n; j ++ )
        ga - > admat [i][j] = 0;
     for (i = 1; i < n; i++ )             /* 输入顶点对(j,k)*/
    {  scanf ("% d,% d ", &j,&k);
       ga - > admat [j][k] = ga - > admat [k][j] = 1;
    }
}
```

题目二：编写一个完整的程序,建立无向图的邻接表,要求其邻接表中的结点按顶点序号从小到大顺序排列。

［解题思路］

由于要求邻接表中的结点按顶点序号的大小顺序排列,因此在邻接矩阵某行上求邻接结点时,如果是从左向右扫描,则要用尾插法建立邻接表;如果是从右向左扫描,则要用头插法建立邻接表。下面用头插法建立邻接表。

（1）邻接表表示的类型定义如下：

```
♯ define   nmax   100             /* 假设顶点的最大数为 100 */
typedef  struct    node   * pointer;
struct node {                       /* 表结点类型 */
     int   vertex ;
     struct  node   * next ;
     } nnode;
typedef  struct {                   /* 表头结点类型,即顶点表结点类型 */
     datatype   data ;
     pointer first ;                /* 边表头指针 */
     }headtype ;
typedef  struct {                   /* 表头结点向量,即顶点表 */
     headtype   adlist[nmax + 1];
     int n,e ;                      /* 顶点数和边数 */
     }lkgraph ;
```

（2）参考算法如下：

```
void matt_ds(graph  * gm,lkgraph   * g1)     //gm 是邻接矩阵类型,g1 是邻接表表头结点向量
int  i, j,n, e1 ;
pointer  p;
g1 - > n = gm - > n; g1 - > e = gm - > e;     //gm 是题目一中已生成的邻接矩阵
for(i = 1; i < = g1 - > n ; i ++ )g1 - > adlist[i].first = NULL;   //生成邻接表表头
```

```
for(i= 1; i<= gm->n; i++)              //查找与第 i 个结点相邻接的结点
                                       //并将其连到第 i 个邻接表表头的单链表中
    for(j = gm->n; j>=1; j--)          //由于是按顶点序号的大小顺序连入邻接表,
                                       //所以从后向前搜索与第 i 个结点相邻接的结点
    {            //若邻接矩阵相应 j 列的元素为 0,则表示第 i 个结点与第 j 个结点不邻接
        if(gm->admat[i][j] == 0)continue;
        p = new node;                  //生成新结点
        p->vertex = j;                 //插入到表头
        p->next = g1->adlist[i].first ;
        g1->adlist[i].first = p;
    }
}
```

题目三：建立有向图 G 的邻接表。编写一个完整的程序实现,根据用户输入的偶对(以输入 0 表示结束)建立有向图 G 的邻接表,并输出这个邻接表。

[解题思路]

本题的算法思想是：先产生邻接表的 n 个头结点(其结点数值域 $1 \sim n$),然后接受用户输入的 $<V_i, V_j>$(以其中之一为 0 则标志结束),对于每条这样的边,申请一个邻接结点,并插入 V_i 的单链表中,如此重复下去,直到将图中所有边处理完毕,并建立该有向图的邻接表。

因此,实现本题功能的函数表示如图 13.14 所示。

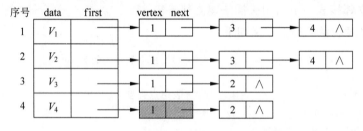

图 13.14　邻接表示意图

例如,插入结点 $<4,1>$,图 13.14 中灰色的结点就是刚插入的新结点。参考算法如下：

```
void  creatadjlist(lkgrath  * g)                  /* g是指针变量 */
{
int  i,j,k;
struct  node  * s;
for(k = 1; k<= n; k++)                            /* 给头结点赋初值 */
    {
        g[k].data = k;
        g[k]. first = NULL;                       //g[k]应写成 g->adlist[k]
    }
printf("输入一条边点对: ");
scanf(" %d, %d ",&i,&j);
while(i! = 0 && j! = 0)
```

```
    {
      s = (struct vexnode *)malloc(sizeof(struct   node));  /*产生一个单链表结点 s */
      s->vertex = j;                                        /*为结点 s 赋值*/
      s->next = g[i].first;                                 /*插入结点 s */
      g[i].first = s;  /*将 s 插入到 i 为表头的单链表的最前面*/
      printf("输入一个偶对:");
      scanf("%d,%d",&i,&j);
    }
}
```

3. 图的遍历

题目一：设图采用邻接表存储,编写一个函数利用深度优先搜索方法求出无向图中通过给定点 V_i 的简单回路。

[解题思路]

只要输出经过顶点 V_i 且路径长度 $d \geqslant 2$ 的路径即可。

实现本题功能的函数 cycle()如下：

```
int   visited[Vnum],A[Vnum];
void   dfspath( lkgrath   * g,int   vi,int vj,int   d)
{
int v,i;
nnode * p;                        //工作指针
visited[vi] = 1;
d++ ;
A[d] = vi;
if(vi == vj && d> = 2)
{
  cout <<"路径:";                //打印"路径:"
  for(i = 0; i <= d; i++ )
  printf(" %d ",A[i]);
  printf("\n");
}
p = g[vi].link;                   /*找 vi 的第一个邻接顶点*/
while(p! = NULL)
{
v = p->vertex;                    /*v 为 vi 的邻接顶点*/
if(visited[v] == 0 || v == vj)    /*若该顶点未标记访问,或为 vj,则递归访问*/
dfspath(g,v,vj,d);
p = p->next;                      /*找 vi 的下一个邻接顶点*/
}
visited[vi] = 0;                  /*取消访问标记,以使该顶点可重新使用*/
d-- ;
}
void   cycle(adjlist   * g,int vi,int d)
  {
    dfspath(g,vi,vi,d);
  }
```

数据结构课程设计安排

题目二：图的深度优先遍历的非递归算法。

[**解题思路**]

需要建立一个栈,并将访问过的顶点入栈。具体内容请参阅附录 C。

假设图以邻接表表示,参考算法如下:

```
void  dfsl(lkgraph  * g,int  v)      /* v是访问的起始顶点,g是表头结点的指针 */
{   int s[maxx],top;                  /* 定义栈顶指针 top */
    pointer p;                        /* 定义工作指针 p */
    top =-1;                          /* 堆栈 s 置成空栈,栈的初始化 */
    print( "%d", v); visid[v] =1; /* 访问出发点,假设为输出顶点序号,置其被访问标志为 1 */
    s[ ++ top] = v;                   /* 将访问过的出发点进栈,然后栈顶指针加 1 */
do {
    p = g->adlist[ s->top].first;  /* 将边表头指针送入工作指针 p 中 */
                                   /* 使 p 指向与顶点 s->top 相邻的邻接表的第一个结点 */
    while(p!  = NULL &&visid[ p-> vertex])
                                   /* 指针 p 所指结点的 p-> vertex 域是顶点的编号 */
                                   /* visid[ p-> vertex]是 p 所指顶点的访问标志 */

        {p = p->next;              /* 搜索栈顶未访问的一个邻接结点 */
          if(p == NULL)            /* 说明该邻接单链表中的所有结点均被访问过 */
            top -- ;               /* 退到前一个顶点 */
          else{
            printf("%d", p-> vertex);   /* 访问当前工作指针 p 所指顶点 */
          visid[p-> vertex] =1;   /* 置当前 p 所指顶点的访问标志为 1 */
          s[ ++ top] = p-> vertex; /* 将刚访问过的顶点 p(出发点)入栈 */
          }
    }while(top! = - 1);            /* 直到栈空 */
}
```

4. 图的应用

设计内容：假设有一个带权无向图(如图 13.15 所示),图中每个顶点代表一座城市,边代表每个城市间将要建造的交通线,边上的权表示该线路的造价。要求建造一个连接 6 个城市的交通网,使得任意两个城市都可以直接或间接互达,并要求总造价最低。问：应如何建造这 6 个城市之间的道路交通网?

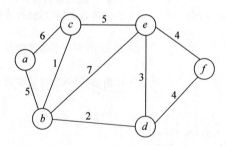

图 13.15 顶点代表城市的带权无向图

[解题思路]

该问题的本质是求无向带权图的最小生成树,假定 $a\sim f$ 这 6 个城市的编号依次为 $1\sim 6$。下面采用 PRIM 算法,参考程序如下:

```c
# include < stdio. h >
# include < stdlib. h >
# include < string. h >
# define INFINITY 30000          //定义一个权值的最大值
# define MAX_VERTEX_NUM 20       //图的最大顶点数
typedef struct
{int arcs[MAX_VERTEX_NUM][MAX_VERTEX_NUM];     //邻接矩阵
 int vexnum,arcnum;             //图的当前顶点和边数
}Graph;
typedef struct CloseEdgel
{int adjvex;                    //某顶点与已构造好的部分生成树的顶点之间权值最小的顶点
 int lowcost;                   //某顶点与已构造好的部分生成树的顶点之间的最小权值
}ClosEdge[MAX_VERTEX_NUM];      //用普里姆算法求最小生成树时的辅助数组
void CreateGraph(Graph &);      //生成图的邻接矩阵
void MiniSpanTree_PRIM(Graph,int);  //用普里姆算法求最小生成树
int   minimum(ClosEdge,int);    //用普里姆算法求下一个结点
void main()
{Graph G;                       //采用邻接矩阵结构的图
 char jx = 'y';
 int u;
 while(jx! = 'N'&&jx! = 'n')
     {printf("请输入图的顶点和弧数,如 8,9:");
      scanf(" % d, % d",&G. vexnum,&G. arcnum);
      CreateGraph(G);                    //生成邻接矩阵结构的图
      printf("请输入构造最小生成树的开始顶点:");
      scanf(" % d",&u);
      MiniSpanTree_PRIM(G,u);
      printf("最小代价生成树构造完毕,继续进行吗? (Y/N)");
      scanf(" % c",&jx);
      }
}
void CreateGraph(Graph &G)
{                                         //构造邻接矩阵结构的图 G
 int i,j;
 int start,end,weight;
 for(i = 1;i < = G. vexnum;i ++ )
    for(j = 1;j < = G. vexnum;j ++ )
      G. arcs[i][j] = INFINITY;           //初始化邻接矩阵
 printf("输入每条边的两个关联顶点的编号和其上权值:\n");
 for(i = 1;i < = G. arcnum;i ++ )
   {scanf(" % d, % d, % d",&start,&end,&weight);
    G. arcs[start][end] = weight;
    G. arcs[end][start] = weight;
    }
}
```

```
void MiniSpanTree_PRIM(Graph G,int u)
{                                           //从第 u 个顶点出发构造图 G 的最小生成树
  ClosEdge closedge;
  int i,j,k;
  printf("最小代价生成树:\n");
  for(j = 1;j <= G.vexnum;j ++ )            //辅助数组初始化
    if(j!= u)
    {closedge[j].adjvex = u;
     closedge[j].lowcost = G.arcs[u][j];
    }
  closedge[u].lowcost = 0;                  //初始,U = {u}
  for(i = 1;i < G.vexnum;i++ )              //选择其余的 G.vexnum - 1 个顶点
    {k = minimum(closedge,G.vexnum);        //求出生成树的下一个顶点
     printf(" % d, % d\n",closedge[k].adjvex,k);   //输出生成树的边
     closedge[k].lowcost = 0;               //第 k 个顶点并入 U 集
     for(j = 1;j <= G.vexnum;j ++ )         //新顶点并入 U 集后,重新选择最小边
       if(G.arcs[k][j] < closedge[j].lowcost)
     {closedge[j].adjvex = k;
      closedge[j].lowcost = G.arcs[k][j];
     }
    }
}
int minimum(ClosEdge c1,int vnum)
{                 //在辅助数组 c1[vnum]中选择权值最小的顶点,并返回其位置
  int i;
  int w,p;
  w = INFINITY;
  for(i = 1;i <= vnum;i++ )
   if(c1[i].lowcost!= 0&&c1[i].lowcost < w)
     {w = c1[i].lowcost;p = i;}
  return p;
}
```

13.6 查找(课程设计 6)

13.6.1 基础知识

在表的组织方式中,线性表是最简单的一种。对线性表的查找一般有三种方法:顺序查找、二分查找、分块查找。

1. 顺序查找

基本知识:线性表的数据类型定义及对线性表的顺序扫描操作。

算法思想:从线性表一端开始,顺序扫描线性表,依次将扫描到的结点关键字与给定值 key 进行比较,若相等,则查找成功;若扫描结束后,仍未找到关键字等于 key 的结点,则查找失败。

2. 二分查找

基本知识：线性表的数据类型定义、线性表中结点按其关键字有序排列。

算法思想：

(1) 用待查值 key 与表的中间结点关键字进行比较(中间结点将线性表分为两个子表)，若比较结果相等，则查找成功；若待查值 key 大于中间结点关键字，选右子表继续比较；若待查值 key 小于中间结点关键字，选左子表继续比较。

(2) 重复步骤(1)，直到查找成功或结束。

3. 分块查找

基本知识：分块查找是指把线性表分成若干块，各块中的结点顺序可任意亦可有序，但块与块之间必须按关键字大小有序，即前一块中的最大关键字要小于后一块中的最小关键字。因此，与线性表的顺序查找和二分查找不同，除定义线性表的数据类型外，还须定义一个递增有序的索引表，以描述线性表"分块有序"的状态。

算法思想：分块查找实际上是对索引表和线性表的两次查找。

(1) 顺序查找或二分查找索引表：以确定待查结点在哪一块。由于索引表递增有序(块与块之间按关键字大小有序)，因此，索引表的查找常采用二分查找算法以提高算法效率。

(2) 在所确定的块内顺序查找线性表：确定待查结点在线性表中的确切位置。由于块内结点既可无序亦可有序，因此，块内查找一般采用顺序查找算法。

13.6.2 课程设计

1. 目的要求

(1) 了解各种查找的特性，以及它们在实际问题中的应用。

(2) 掌握各种查找的实现方法及其基本操作，学会运用不同的查找方法来解决不同的问题。

2. 设计内容

[**问题描述**]利用分块查找算法在线性表 list(学生情况表)中查找给定值 key(学号)的结点，并对该结点的部分数据进行修改。

说明：在此实验中还可以添加一个最熟悉的查找算法来实现此功能。例如：输入学号：30207；选择课程名：语文；输入修改成绩：100；在学生情况表中查找学号为 30207 的学生记录；将该学生记录的语文成绩修改为 100。

[**建立文件算法**]建立待查找的数据文件 score. txt 的函数 creat()。

[**算法输入**]待查找的数据文件 score. txt。

[**算法输出**]将修改后的线性表(学生情况表)数据输出到文件 score. txt 中。

[**算法要点**]分块查找的查找过程应分两步进行：

(1) 先在线性表中确定待查找的结点属于哪一块。由于块与块之间按关键字大小有序，因此，块间查找可采用二分查找算法。

（2）在所确定的块内查找待查结点，由于块内结点既可无序亦可有序，因此，块内查找一般可采用顺序查找算法。找到指定结点后，按要求修改结点中的有关数据。

3. 数据类型及算法

（1）数据类型定义

① 学生的结点结构如下：

```
typedef struct
{
    char    num[8],name[10];              //学生的学号,姓名
    int age,chin,phy,chem,eng;            //学生的年龄,语文、物理、化学和英语成绩
} STUDENT;
```

② 线性表的结点结构如下：

```
typedef struct
{
    keytype key[8];                       //关键字
    STUDENT stu;
} TABLE;
```

③ 索引表的结点结构如下：

```
typedef struct
{
    keytype key[8];
    int low,high;
} INDEX;
```

（2）主要算法

① 输入算法。从 score.txt 文件中读出数据、建立线性表及索引表可通过调用函数 readtxt(void)完成，此函数算法如下：

```
void readtxt(void)                   //构造线性表 list 及索引表 inlist
{
    FILE * fp; int i,d; char max[8];
    fp = fopen("score.txt","r");         //以只读方式打开 score.txt 文件
    for(i = 0;i < M;i++)                 //将 score.txt 中的 M 个数据输入线性表 list 中
    {
        fscanf(fp," % s", & list[i].stu.num);    //从文件 score.txt 中输入第 i 个学生的学号
        fscanf(fp," % s", & list[i].stu.name);   //从 score.txt 中输入第 i 个学生的姓名
        fscanf(fp," % d", & list[i].stu.chin);   //从 score.txt 中输入第 i 个学生的语文成绩
        fscanf(fp," % d", & list[i].stu.phy);    //从 score.txt 中输入第 i 个学生的物理成绩
        fscanf(fp," % d", & list[i].stu.chem);   //从 score.txt 中输入第 i 个学生的化学成绩
        fscanf(fp," % d", & list[i].stu.eng);    //从 score.txt 中输入第 i 个学生的英语成绩
        strcpy(list[i].key,list[i].stu.num);     //将第 i 个学生的学号设为关键字
    }
    for(i = 0;i < B;i++)                         //构造索引表 inlist,B 是线性表的块数
```

```
    {
        inlist[i].low = i + (i * (S - 1));              //每块内结点数为 S
        inlist[i].high = i + (i + 1) * (S - 1);
    }
    strcpy(max,list[0].stu.num);                        //将第 0 个学生的学号复制到数组 max 中
    d = 0;
    for(i = 1;i < M;i ++ )
    {
        if(strcmp(max,list[i].stu.num)< 0)              //串 max 小于串 list[i].stu.num
            strcpy(max,list[i].stu.num);                //将大的串放到 max 中,这是在线性表的一块中查找
        if((i + 1) % 6 == 0 )
        {
            strcpy(inlist[d].key,max); d ++ ;           //将索引表中第 d 个元素的 inlist[d].key
            if(i < M - 1)                               //设为线性表中第 d 个块的学号的最大值
                strcpy(max,list[i + 1].stu.num);        //将线性表中下一块的第一个学生的学号
            i ++ ;                                      //复制到 max 中,求该块中的最大学号
        }
    }
    fclose(fp);                                         //关闭 score.txt 文件
}
```

② 动态分块查找算法如下:

```
void modify (char * key,int kc,int cj)                  //kc 是课程号,cj 是成绩,key 是要查找的学号
{
    int low1 = 0,high1 = B - 1,mid1,i,j;
    int flag = 0;
    while(low1 < = high1 && ! flag)
    {
        mid1 = (low1 + high1)/2;                        //在索引表中求中间块位置
        if (strcmp(inlist[mid1].key,key) == 0)          //中间块的关键字值与要查找的键值相比较
            flag = 1;                                   //找到了
        else if(strcmp(inlist[mid1].key,key)> 0)        //到前边的块内查找
            high1 = mid1 - 1;
        else   low1 = mid1 + 1;                         //到后边的块内查找
    }
    if (low1 < B)                                       //以下是在所找到的块内查找
    {
        i = inlist[low1].low;
        j = inlist[low1].high;
    }
    while(i < j && strcmp(list[i].key,key))
        i ++ ;                                          //在块内查找学号相符的学生,可能找得到,也可能找不到
    if(strcmp(list[i].key,key) == 0)                    //找到了,根据所给的学号修改相应的成绩
        if(kc == 1)
            list[i].stu.chin = cj;
```

第13章

数据结构课程设计安排

```
                  else if(kc == 2)
             list[i]. stu. phy = cj;
                       else if(kc == 3)
                         list[i]. stu. chem = cj;
                       else if(kc == 4)
                            list[i]. stu. eng = cj;
}
```

③ 输出算法如下：

```
void writetxt(void)
{
   FILE * fp; int i;
  fp = fopen("score. txt","w");                    //以写方式打开 score. txt 文件
   for(i = 0;i < M;i ++ )                           //将修改后的数据输出到 score. txt 文件中
   {
    fprintf(fp," % s ",list[i]. stu. num);
    fprintf(fp," % s ",list[i]. stu. name);
    fprintf(fp," % d ",list[i]. stu. chin);
    fprintf(fp," % d ",list[i]. stu. phy);
    fprintf(fp," % d ",list[i]. stu. chem);
    fprintf(fp," % d ",list[i]. stu. eng);
    fprintf(fp,"\n");
   }
  fclose(fp);                                       //关闭 score. txt 文件
}
```

4. 参考程序

```
# include < stdio. h >
# define M 18                          //线性表长
# define B 3                           //将线性表分成 B 块
# define S 6                           //每块内结点数为 S
typedef char datatype;
typedef char  keytype;                 //定义关键字类型是字符型
typedef struct                         //定义学生的结点结构
  {
   char  num[8],name[10];              //学生的学号,姓名
    int age,chin,phy,chem,eng;         //学生的年龄,语文、物理、化学和英语成绩
  } STUDENT;
typedef struct                         //定义线性表的结点结构
   {
   keytype key[8]; STUDENT stu;
   } TABLE;
typedef struct                         //定义索引表的结点结构
   {
```

```
        keytype key[8]; int low,high;
    } INDEX;
TABLE list[M];                            //说明线性表变量
INDEX inlist[B];                          //索引表变量
//下面是主函数,各算法清单同前
void main()
{
    int kc,cj;   char key[8];
    creat();                              //创建数据文件 score.txt
    printf("请输入欲修改成绩的学生学号:\n");
    gets(key);
    printf("选择欲修改成绩的课程:语文(1)物理(2)化学(3)英语(4):");
    scanf("%d",&kc);
    printf("输入该课程的修改成绩:");
    scanf("%d",&cj);
    readtxt();                            //调用输入数据函数
    modify(key,kc,cj);                    //调用分块查找及数据修改函数
    writetxt();                           //调用输出数据函数
}
```

5. 测试数据

为提高分块查找的可操作性,算法中的输入数据可由数据文件 score.txt 提供,
score.txt 中的数据如下(亦可自拟):

学号	姓名	语文	物理	化学	英语
10003	丁一	86	54	67	89
10002	钱二	70	85	82	90
10001	张三	72	81	92	69
10023	李四	62	86	90	75
10017	陈五	46	80	60	75
10014	王六	86	50	62	81
20110	马七	72	64	68	80
20120	杨八	64	68	76	90
20114	梁九	82	56	87	83
20117	赵十	80	64	87	79
20111	赵一	58	84	66	84
20112	梁二	68	60	68	82
30213	杨三	70	50	60	68
30207	马四	80	60	76	84
30202	王五	72	68	86	90
30203	陈六	65	72	76	89
30201	李七	68	80	86	88
30221	张八	80	72	86	90

数据在 score.txt 文件中的存放格式:数据之间以空格分隔;表头仅做示意用,不存
放在文件中。

6. 程序运行结果

请输入欲修改成绩的学生学号：30207

选择欲修改成绩的课程：语文(1)物理(2)化学(3)英语(4)：1
输入该课程的修改成绩：100

程序运行后 score.txt 中的数据如下：

```
10003 丁一 86 54 67 89
10002 钱二 70 85 82 90
10001 张三 72 81 92 69
10023 李四 62 86 90 75
10017 陈五 46 80 60 75
10014 王六 86 50 62 81
20110 马七 72 64 68 80
20120 杨八 64 68 76 90
20114 梁九 82 56 87 83
20117 赵十 80 64 87 79
20111 赵一 58 84 66 84
20112 梁二 68 60 68 82
30213 杨三 70 50 60 68
30207 马四 100 60 76 84
30202 王五 72 68 86 90
30203 陈六 65 72 76 89
30201 李七 68 80 86 88
30221 张八 80 72 86 90
```

score.txt 中的数据显示：学号为 30207 的学生的语文成绩已修改为 100。

13.7 排序(课程设计 7)

1. 目的要求

(1) 掌握常用的排序方法,并掌握用高级语言实现排序算法的方法。

(2) 深刻理解排序的定义和各种排序方法的特点,并能加以灵活应用。

(3) 了解各种方法的排序过程及其依据的原则,并掌握各种排序方法的时间复杂度的分析方法。

2. 学生成绩统计

给出 n 个学生的考试成绩,每条信息由姓名和分数组成,试设计一个算法：

(1) 按分数高低次序,打印出每个学生在考试中获得的名次,分数相同的为同一名次。

(2) 按名次列出每个学生的姓名与分数。

要求：学生的考试成绩表必须通过键盘输入数据而建立,同时要对输出进行格式控制。

用直接选择排序算法实现的 C 语言参考程序如下：

```
# include "stdio. h"
# include "stdlib. h"
#define  n  30
struct  student
{ char name[8];
  int   score;
  };
student stu[n];

void main()
{int  num,  i,  j,  max;
student temp;
printf("\n请输入学生成绩：\n");
 for  (i = 0;  i < n;  i++ )
   {
    printf ("姓名:");
    scanf ("％s", &stu[i].name);
    printf ("成绩:");
  scanf ("％4d", &stu[i].score);
 }
num = 1;
printf("===== 学生成绩一览表 ===== \n");
 printf("名次   姓名    成绩\n");
for (i = 0;  i < n;  i++ )
  { max = i;
   for (j = i + 1;  j < n;  j++ )
     if (stu[j].score > stu[max].score)
        max = j;
   if  (max! = i)
    {temp = stu[max];
     stu[max] = stu[i];
     stu[i] = temp;
    }
  if ((i > 0)&&(stu[i].score < stu[i - 1].score))
    num = num + 1;

  printf("％4d   ％s    ％4d\n", num, stu[i].name, stu[i].score);
 }
}
```

3. 演示程序的设计

设计一个程序,用于演示插入、交换、选择和归并等几类典型的内排序方法。要求
如下:

（1）程序给出每种排序方法对于给定数据集的每趟排序结果。

（2）采用菜单形式进行各种排序方法的选择。

参考程序如下：

```c
#include <stdio.h>
#include <conio.h>
#include <string.h>
#include <malloc.h>
#define Keytype int
typedef  struct {                        /* 定义元素类型 */
  Keytype key;                           /* 关键字定义 */
} ElemType;
#define MAXELEMCOUNT 100                  /* 定义最多元素个数 */
#define ENDVALUE  -1          /* 定义输入元素的结束的值,假定关键字的值不可能取 -1 */
ElemType  elemarr[MAXELEMCOUNT];
int elemcount = 0 ;                       /* 实际元素个数 */
#define SHELL_ADD_COUNT 6                 /* 希尔排序的增量值个数 */
int shell_add_arr[SHELL_ADD_COUNT],shell_add_len;  /* 增量数组与长度 */
/* 显示主界面 */
 void PrintMenu()
 {
   printf("\n\n\n\n\n");
   printf("\t\t\t  --  各 类 排 序 综 合 演 示  --            \n");
   printf("\n\t\t\t******************************* ");
   printf("\n\t\t\t*    1-------插 入 类 排 序              *");
   printf("\n\t\t\t*    2-------交 换 类 排 序              *");
   printf("\n\t\t\t*    3-------选 择 类 排 序              *");
   printf("\n\t\t\t*    4-------归  并  排  序              *");
   printf("\n\t\t\t*    0-------退       出                 *");
   printf("\n\t\t\t******************************* \n");
   printf("\t\t\t      请选择功能号(0 -- 4): ");
}


/* 待排序元素初始化 */
 void ElemInit()
{
    int i = 1;
ElemType elem;
printf("\n\t 请注意! 系统假定的元素个数最多为  %d" ,MAXELEMCOUNT);
    printf("\n\t 请输入若干待排序元素的关键字值(整数),以 %d 结束.\n",ENDVALUE);
elemcount = 0;
while (1)
{
scanf(" %d",&elem.key);
if (elem.key == ENDVALUE)
    break;
else
    elemarr[i++] = elem;                              /* 从第 1 号单元开始存放数据 */
```

```
    elemcount ++ ;                                    /* 数组长度 */
    }
}


/* 输出第 i 趟排序后数组元素 */
void output(ElemType Elem_arr[ ], int len ,int i)
/* len 为数组长度,i 为趟数,i 为 0 表示初始关键字序列 */
{
    int k = 1;
    if ( i == 0 )
    printf("\n\t\t 关键字初始序列为:\n");
    else
    printf("\n\t\t 第 % d 趟排序结果为:\n",i);
    printf("\t\t");
    for (k = 1;k <= len ;k ++ )
    {  printf (" % 4d ",Elem_arr[k]); }
}



/* 显示插入类排序主界面 */
void PrintInsertMenu()
 {
    printf("\n\n\n\n\n");
    printf("\t\t\t --    插 入 类 排 序 综 合 演 示 --                \n");
    printf("\n\t\t\t ****************************************** ");
    printf("\n\t\t\t *    1 ------- 排序数据初始化              * ");
    printf("\n\t\t\t *    2 ------- 直接插入排序               * ");
    printf("\n\t\t\t *    3 ------- 折半插入排序               * ");
    printf("\n\t\t\t *    4 ------- 希 尔 排 序                * ");
    printf("\n\t\t\t *    0 ------- 返回主界面                 * ");
    printf("\n\t\t\t ****************************************** \n");
    printf("\t\t\t 请选择功能号(0 -- 4): ");
}
/* 直接插入排序 */
void DirectInsertSort (ElemType Elem_Arr[ ],int len)
/* len 为数组长度,即待排序的元素个数 */
{  int i, endp;
for (i = 2 ; i <= len ;i ++ )                      /* 从第 2 个元素开始进行插入排序 */
{
    Elem_Arr[0] = Elem_Arr[i];                  /* 设置监视哨 */
    endp = i - 1;        /* 从当前已排好序的最后一个元素开始确定待插入元素的位置 */
    while ( Elem_Arr[0].key < Elem_Arr[endp].key )
                                         /* 确定第 i 个元素待插入的位置 */
    {  Elem_Arr[endp + 1] = Elem_Arr[endp];     /* 将元素后移一个位置 */
        endp -- ;
```

第
13
章

数据结构课程设计安排

```
    }                        /* 循环结束后,待插入元素的位置为 endp+1 所指示的位置 */
    Elem_Arr[endp+1] = Elem_Arr[0];        /* 将第 i 个元素放入待插入位置 */
    output(Elem_Arr,len,i-1);              /* 输出第 i 趟排序后数组元素 */
  }
}


void BinInsSort(ElemType Elem_Arr[ ],int len)/* 折半插入排序 */
/* len 为数组长度,即待排序的元素个数,元素从 Elem_Arr[1]中开始存放 */
{  int i,j,low,high,mid;
   ElemType  temp;
for(i=2;i<=len;i++)
{temp=Elem_Arr[i];low=1;high=i-1;
while(low<=high)
{mid=(low+high)/2;
if(temp.key<Elem_Arr[mid].key)
    high=mid-1;
else
    low=mid+1;
}
for(j=i-1;j>=low;j--)
    Elem_Arr[j+1]=Elem_Arr[j];
Elem_Arr[low]=temp;
output(Elem_Arr, len ,i-1) ;
}
}


/* 希尔排序 */
/* 一趟希尔排序 */
/* 初始化希尔增量数组 */
void ShellAddArrInit()
{
int i=1,addvar;
printf("\n 请输入希尔排序数组的增量序列,以 %d 结束!",ENDVALUE);
shell_add_len=0;
while(1)
    {  scanf("%d",&addvar);
    if (addvar==ENDVALUE)
        break;
    else
        shell_add_arr[i++]=addvar;
    shell_add_len++;
}
}
void ShellInsSort(ElemType Elem_Arr[ ],int len,int add)
```

```
/* 对元素数组按增量 add 进行一趟希尔排序,len 为数组长度,即待排序的元素个数,元素从 */
/* Elem_Arr[1]中开始存放 */
{   int i,j;
for ( i = add + 1 ; i <= len ; i ++ )          /* i 的初值为第一个子序列的第二个元素的位置 */
{   Elem_Arr[0] = Elem_Arr[i];                 /* 将当前元素存放在 Elem_Arr[0]中 */
    for ( j = i - add ; j > 0 && Elem_Arr[j].key > Elem_Arr[0].key ; j -= add)
    {   Elem_Arr[j + add] = Elem_Arr[j];        /* 跳跃式前移 */
    }   /* 经过此趟后,j + add 位置为元素 Elem_Arr[i]待插入的位置 */
    Elem_Arr[j + add] = Elem_Arr[0];
    }
}
/* 对所有元素进行希尔排序 */
void ShellAllSort (ElemType Elem_Arr[ ],int len,int add[ ],int add_len)
/* add_len 为增量数组的长度 */
{   int k;
for (k = 1;k <= add_len;k ++ )
{   ShellInsSort(Elem_Arr,len,add[k]);
    output(Elem_Arr, len ,k) ;                 /* 输出第 k 趟排序的结果 */
}
}


/* 插入类排序演示 */
void InsertSort()
{
char ins_func_choice;
PrintInsertMenu();
getchar();                                      /* 读主界面的回车符 */
ins_func_choice = getchar();
while (ins_func_choice! = '0')
{   switch (ins_func_choice)
    {   case '1':
            ElemInit();
            output(elemarr, elemcount ,0);
            break;
        case '2' :                              /* 直接插入类排序 */
            DirectInsertSort(elemarr,elemcount);
             break;
        case '3' :                              /* 折半插入类排序 */
            BinInsSort (elemarr, elemcount) ;
            break;
        case '4' :                              /* 希尔排序 */
            ShellAddArrInit();                  /* 调用增量初始化函数对增量数组进行初始化 */
            getchar();
            ShellAllSort (elemarr,elemcount, shell_add_arr, shell_add_len);
                break;
```

数据结构课程设计安排

```
        case '0':
            ins_func_choice = '0';   break;
        default:
            printf( "\n 请输入正确的操作选项(0－3):");
    }
    getchar();
    PrintInsertMenu();
  ins_func_choice = getchar();
  }
}
```

```
/ * 显示交换类排序主界面 * /
void PrintSwapMenu()
{
    printf("\n\n\n\n\n");
    printf("\t\t\t--  交 换 类 排 序 综 合 演 示 --              \n");
    printf("\n\t\t\t*********************************");
    printf("\n\t\t\t *    1-------排序数据初始化            * ");
    printf("\n\t\t\t *    2-------冒  泡  排  序             * ");
    printf("\n\t\t\t *    3-------冒泡排序(改进型)          * ");
    printf("\n\t\t\t *    4-------快  速  排  序             * ");
    printf("\n\t\t\t *    0-------返 回 主 界 面            * ");
    printf("\n\t\t\t*********************************\n");
    printf("\t\t\t    请选择功能号(0－－4): ");
}
```

```
/ * 冒泡排序 * /
void BubbleSort( ElemType Elem_Arr[ ], int len)      / * len 为数组长度 * /
{ int i,j;
ElemType temp;
for ( i = 1 ; i <= len－1 ; i++ )              / * 外循环,i 表示趟数,总共需要 len－1 趟 * /
{ for ( j = 1 ; j <= len－i ;j++ )         / * 内循环,每趟排序中所需比较的次数 * /
    if  ( Elem_Arr[j].key > Elem_Arr[j + 1].key)    / * 前面元素大于后面元素,则交换 * /
        { temp = Elem_Arr[j] ;
          Elem_Arr[j] = Elem_Arr[j + 1];
          Elem_Arr[j + 1] = temp;}
    output(Elem_Arr, len ,i);
}
}
```

```
/ * 冒泡排序改进型 * /
void BubbleSortChg( ElemType Elem_Arr[ ], int len) / * len 为数组长度 * /
{ int i,j,exchange;
ElemType temp;
for ( i = 1 ; i <= len－1 ; i++ )                / * 外循环,i 表示趟数,总共需要 len－1 趟 * /
{ exchange = 0;
```

```
    for ( j = 1 ; j < = len - i ;j++ )                /* 内循环,每趟排序中所需比较的次数 */
      if( Elem_Arr[j].key > Elem_Arr[j + 1].key)    /* 前面元素大于后面元素,则交换 */
        {  exchange = 1;
          temp = Elem_Arr[j] ; Elem_Arr[j] = Elem_Arr[j + 1]; Elem_Arr[j + 1] = temp;
        }
    if(! exchange)break;
output(Elem_Arr, len ,i);
}
output(Elem_Arr, len ,i) ;
}


/* 快速排序 */
int quickpasscount = 1;
int QuickSortPass(ElemType Elem_Arr[ ], int low, int high)
/* 对元素数组 Elem_Arr 中从 low 位置开始到 high 部分的元素进行一趟快速排序 */
/* 返回值为枢轴(基准点)位置 */
{  int i = low,j = high;
ElemType base_var;
base_var = Elem_Arr[low];
while (i < j)
{  while (Elem_Arr[j].key > = base_var.key   && j > i) j -- ;
    /* 从右向左扫描,确定关键字小于 base_var.key 的元素的位置 */
    if (i < j)  Elem_Arr[i++ ] = Elem_Arr[j];       /* 元素移动 */
    while (Elem_Arr[i].key < = base_var.key   && j > i) i++ ;
    if (i < j)  Elem_Arr[j -- ] = Elem_Arr[i];       /* 元素移动 */
}
Elem_Arr[i] = base_var ;
output(Elem_Arr,elemcount,quickpasscount ++ );
return i;
}
/* 对所有元素进行快速排序 */
void QuickSort(ElemType Elem_Arr[ ], int low, int high)
{   int base_point;
if (low < high)
{  base_point = QuickSortPass(Elem_Arr,low,high);
    QuickSort(Elem_Arr,low,base_point - 1);        /* 对左子序列进行递归快速排序 */
    QuickSort(Elem_Arr,base_point + 1,high);        /* 对右子序列进行递归快速排序 */
}
}


/* 交换类排序主程序 */
void SwapSort()
{
char swap_func_choice;
PrintSwapMenu();
```

第 13 章

数据结构课程设计安排

```
        getchar();                                      /*读主界面的回车符*/
        swap_func_choice = getchar();
        while (swap_func_choice!= '0')
        {
            switch (swap_func_choice)
            {
             case '1':
                ElemInit();
                output(elemarr, elemcount ,0);
                break;
            case '2':                                   /*冒泡排序*/
                BubbleSort(elemarr, elemcount) ;         /* len 为数组长度 */
                break;
            case '3':                                   /*冒泡排序改进型*/
                BubbleSortChg(elemarr, elemcount);
                break;
            case '4':                                   /*快速排序*/
                if (quickpasscount > 1) quickpasscount = 1;
                    QuickSort(elemarr,1, elemcount);
                break;
            case '0':
                swap_func_choice = '0';   break;
            default:
                printf( "\n 请输入正确的操作选项(0－4):");
            }
            getchar();
            PrintSwapMenu();
        swap_func_choice = getchar();
        }
        }
/*显示选择类排序主界面*/
void PrintChooseMenu()
 {
   printf("\n\n\n\n\n");
   printf("\t\t\t－ 选 择 类 排 序 综 合 演 示 －              \n");
   printf("\n\t\t\t***********************************");
   printf("\n\t\t\t*    1------- 排序数据初始化            *");
   printf("\n\t\t\t*    2------- 简单选择排序             *");
   printf("\n\t\t\t*    3------- 堆   排   序            *");
   printf("\n\t\t\t*    0------- 返 回 主 界 面           *");
   printf("\n\t\t\t***********************************\n");
   printf("\t\t\t      请选择功能号(0－-3): ");
 }


/*简单选择排序*/
```

```
void SingleSelectSort(ElemType Elem_Arr[ ],int len)
/ * 数组中元素从 Elem_Arr[1]开始存放 * /
{int i,j,k;
 ElemType t;
 for(i = 1;i < len;i++ )
  {j = i;
   for(k = i + 1;k < = len;k ++ )
     if(Elem_Arr[k].key < Elem_Arr[j].key)j = k;
if(j!= i)
     {t = Elem_Arr[i];
      Elem_Arr[i] = Elem_Arr[j];
      Elem_Arr[j] = t;
     }
   output(Elem_Arr, len ,i);
  }
}
```

/ * 堆排序 * /
/ * 筛选算法 * /
```
void sift(ElemType Elem_Arr[ ],int k,int l)
/ * Elem_Arr[k..l]中除 Elem_Arr[k]以外的所有元素的关键字满足大顶堆,本函数的功能是调整
Elem_Arr[k],使整个元素序列成为大顶堆 * /
{  int i;
ElemType cur = Elem_Arr[k];            / * 保存根结点元素 * /
for (i = 2 * k ; i <= 1 ; i * = 2)       / * 以第 k 个结点作为根结点 * /
{  if (i < 1 && Elem_Arr[i].key < Elem_Arr[i+1].key)
   / * 右子树存在,且右子树大于左子树,继续沿右子树"筛选" * /
   i = i + 1;                           / * i 为左右子树中关键字较大的元素的位置 * /
   if (cur.key > = Elem_Arr[i].key)
      break ;                           / * 已满足堆树定义,结束 * /
   else
   {  Elem_Arr[k] = Elem_Arr[i];
      k = i;                            / * k 为变量 cur 要放入的位置 * /
   }
   }
   Elem_Arr[k] = cur;                   / * 将元素 Elem_Arr[k] 放入适当位置 * /
}
```

/ * 堆排序算法 * /

```
void HeapSort(ElemType Elem_Arr[ ],int len)
{  int  n, i ;
ElemType temp;
for (i = len/2 ; i > = 1; i -- )        / * 建堆,从第 n/2 个元素开始向上层进行调整 * /
```

数据结构课程设计安排

```
            sift(Elem_Arr,i,len);
    n = len;
    for(i = n ; i > = 2 ; i -- )                     /* 调整堆,进行 n - 1 次 */
    {   temp = Elem_Arr[1];                          /* 将堆顶与堆底交换 */
        Elem_Arr[1] = Elem_Arr[i];
        Elem_Arr[i] = temp;
        output(Elem_Arr,len,n - i + 1);
        sift(Elem_Arr,1,i - 1);                      /* 将剩余的元素重新调整为堆 */
    }
}
/* 选择类排序主程序 */
void ChooseSort()
{
char choose_func_choice;
PrintChooseMenu();
getchar();                                           /* 读主界面的回车符 */
choose_func_choice = getchar();
while (choose_func_choice! = '0')
{
    switch (choose_func_choice)
    {
        case '1':
            ElemInit();
            output(elemarr, elemcount ,0);
            break;
        case '2' :                                   /* 简单选择排序 */
            SingleSelectSort(elemarr, elemcount);
            break;
        case '3' :                                   /* 堆排序 */
            HeapSort(elemarr,elemcount);
            break;
        case '0' :
            choose_func_choice = '0';   break;
        default:
            printf( "\n 请输入正确的操作选项(0 - 3):");
    }
    getchar();
    PrintChooseMenu();
choose_func_choice = getchar();
}
}

/* 显示归并排序主界面 */
void PrintMergeMenu()
{
```

```
        printf("\n\n\n\n\n");
        printf("\t\t\t--  归 并 排 序 综 合 演 示 --               \n");
      printf("\n\t\t\t********************************* ");
      printf("\n\t\t\t *    1 ------- 排序数据初始化          * ");
      printf("\n\t\t\t *    2 ------- 归  并  排  序          * ");
      printf("\n\t\t\t *    0 ------- 返 回 主 界 面          * ");
      printf("\n\t\t\t********************************* \n");
        printf("\t\t\t请选择功能号(0 -- 2): ");
}


void Merge(ElemType  Src[ ], int low, int mid ,int high )
/* 已知 Src[low ·· mid]和 Src[mid + 1 ·· high]为两个有序子序列,本算法将它们合并成为一个
新的有序列,并存入 Src[low ·· high]中 */
{   int i = low, j = mid + 1,pos = 0,k;
 ElemType * base;
 base = (ElemType * )malloc(sizeof(ElemType) * (high - low + 1)) ;  /* 申请临时空间 */
while (i <= mid && j <= high )      /* 当两个有序子表都没有结束时 */
     * (base + pos ++ ) = (Src[i].key <= Src[j].key )? Src[i ++ ]:Src[j ++ ] ;
while (i <= mid)     /* 第 1 个有序子表未结束,将第 1 个有序子表剩余元素放入 Dest 中 */
     * (base + pos ++ ) = Src[i ++ ];
while (j <= high)       /* 第 2 个有序子表未结束,将第 2 个有序子表剩余元素放入 Dest 中 */
     * (base + pos ++ ) = Src[j ++ ];
for (k = 0 , i = low;k < pos;k ++ , i ++ )
     Src[i] = * (base + k) ;
free(base) ;
}
void MergeOnce(ElemType  Src[ ] , int LENGTH, int len )
/* LENGTH 为整个待排元素序列的长度,len 为该趟归并排序的有序子表长度,经过此算法,将存
放在 Src[ ]中⌈LENGTH/len⌉个长度为 len 的有序子表合并成为⌈LENGTH/2len⌉个长度为 2len(最
后一个有可能例外)的有序子表 ,存放在 Src[ ]中 */
{   int i;
for (i = 1 ; i + 2 * len - 1 <= LENGTH ;i = i + 2 * len)
     Merge(Src,i,i + len - 1,i + 2 * len - 1);
if (i + len - 1 < LENGTH)
     Merge(Src,i,i + len - 1,LENGTH) ;
}


void  MergeSort(ElemType  Src[ ] , int LENGTH)
{   int i;
printf("lll");
for (i = 1; i < LENGTH;i * = 2)
{   MergeOnce(Src , LENGTH, i);
     output(Src,LENGTH,i);
}
```

数据结构课程设计安排

```
}
/* 归并类排序主程序 */
void MergeSortMain()
{
char merge_func_choice;
PrintMergeMenu();
getchar();                        /* 读主界面的回车符 */
merge_func_choice = getchar();
while (merge_func_choice! = '0')
{   switch (merge_func_choice)
    {   case '1':
            ElemInit();
            output(elemarr, elemcount ,0);
            break;
        case '2':                    /* 归并排序 */
            MergeSort(elemarr,elemcount);
            break;
        case '0':
            merge_func_choice = '0';   break;
        default:
            printf( "\n 请输入正确的操作选项(0 - 2):");
    }
    getchar();
    PrintMergeMenu();
merge_func_choice = getchar();
}
}


/* 主函数 */
void main()
{
char func_choice;
    PrintMenu();
func_choice = getchar();
while (func_choice! = '0')
{
    switch (func_choice)
    {
        case '1':
            InsertSort(); break;
        case '2':
            SwapSort() ;  break;
        case '3':
            ChooseSort() ;  break;
```

```
        case '4':
            MergeSortMain(); break;
        case '0':
            func_choice = '0';  break;
        default:
            printf( "\n 请输入正确的操作选项(0 - 4):");
        }
        PrintMenu();
    getchar();
    func_choice = getchar();
    }
}
```

13.8 大型作业题(课程设计 8)

1. 实施步骤

(1) 选题

指导教师公布大型作业题,学生根据自己的兴趣爱好进行选题,或由指导教师指定题目。学生确定选题后,应立即着手准备资料的查阅。学生也可以自己选题,但课题应经过指导教师的批准后方可进行。

(2) 拟定具体的设计方案

学生应在指导教师的指导下着手进行程序设计总体方案的总结与论证。学生根据自己所选择的题目设计出具体的实施方案,报指导教师批准后开始实施。

(3) 程序的设计与调试

学生在指导教师的指导下应完成所接受题目的程序设计工作,并上机调试和运行,最后得出预期的成果。

(4) 撰写课程设计总结报告

课程设计总结报告是对课程设计工作的整理和总结,主要包括课程设计的总体设计方案、数据结构和算法的设计、程序测试与调试等部分,最后写出课程设计的总结报告。

2. 具体问题

(1) [**农民过河问题**]一个农民带着一只狼、一只羊和一棵白菜,来到河的南岸,他要把这些东西全部运到北岸。他只有一条小船,该船只能容下农民本人和一件物品,而且只有农民能撑船渡河。很明显,农民离开时不能单独留下羊和白菜,也不能单独留下狼和羊。请问农民应该采取什么方案,才能将所有的东西都运到北岸?编制一个程序,在计算机上实现。

(2) [**表达式求值**]设计并实现一个对简化表达式求值的系统。对于输入的一个表达式,判断表达式是否合法,如果合法,则输出运算结果。表达式不能为空,允许出现在表达式中的字符有：

① 运算符："＋"、"－"、"＊"、"/"。

② 左右括号："("、")"。

③ 整数(可以是多位整数)。

④ 空格符和制表符。

例如,若输入的表达式为 $20＋(3＊(4＋1)－5)/2－3$,则该系统将输出结果 22。

(3) [**Hanoi 塔问题**]用两种方法求解 n 阶 Hanoi 塔问题：①递归法,②非递归法,并比较这两种方法的效率。

(4) [**八皇后问题**]在 $8×8$ 格的国际象棋棋盘上放置八个皇后,使得任意两个皇后不能互相攻击,即任何行、列或对角线(与水平轴夹角为 45°或 135°的斜线)上不得有两个或两个以上的皇后。这样的一个格局称为问题的一个解。请用递归与非递归两种方法写出求解八皇后问题的算法。

(5) [**迷宫问题**]在迷宫中求从入口到出口的一条简单路径。迷宫可用图 13.16 中所示的方块来表示,每个方块或者是通道(用空白方块表示)或者是墙(用带阴影的方块表示)。

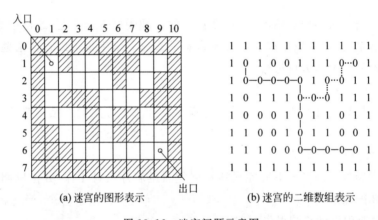

图 13.16　迷宫问题示意图

(6) [**最短路径问题**]图 13.17 所示为一幅美国硅谷的简单地图。对于此图,请写出一个完整的程序,对于输入的起点和终点,输出它们之间的最短路径。

(7) [**拓扑排序和关键路径的求解**]采用图的邻接表(出边表)表示方法,实现拓扑排序和关键路径的求解过程。使用实现的算法对于图 13.18 所示的 AOE 网,求出各活动的可能的最早开始时间和最晚开始时间。输出整个工程的最短完成时间是多少? 哪些活动是关键活动? 说明哪项活动提高速度后能导致整个工程提前完成。

(8) [**排序效率的比较**]对于直接排序、直接选择排序、冒泡排序、Shell 排序、快速排序和堆排序六种算法编制程序、上机运行。要求：

① 被排序的对象由计算机随机生成,长度分别取 20、100、500 三种。

② 算法中增加比较次数和移动次数的统计功能。

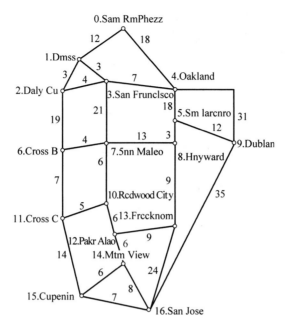

图 13.17 最短路径问题示意图

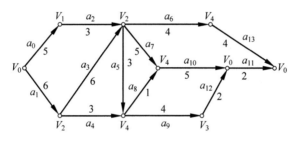

图 13.18 求解关键路径示意图

③ 对上机运行的结果做比较分析。

(9) [**散列表的实现**]试根据全年级(或全班级)学生的姓名,构造一个散列表,选择适当的散列函数和解决冲突的方法,设计并实现插入、删除和查找算法,统计发生冲突的次数(用拉链法解决冲突时负载因子取 2,用开放地址法时取 1/2)。

(10) [**分油问题**]有三个大小不等的、没有刻度的油桶,分别能装 x、y、z 公斤油。开始时,第一个油桶装满油,另外两个油桶为空,要求找出一种步骤最少的分油方法,在某一个油桶中分出 targ 公斤油。

输入:三个油桶的装油量(例如分别为 80、50、30 公斤)和需要分出的油量 targ 公斤(如为 40 公斤)。

输出:分油过程和分油结果。

(11) [**医院选址问题**]n 个村庄之间的交通图用如图 13.19 所示的有向加权图表示,图中的有向边 $<v_i,v_j>$ 表示第 i 个村庄和第 j 个村庄之间有道路,边上的权表示这条道路的长度。现在要从这 n 个村庄中选择一个村庄建一所医院,问这所医院应建在哪个村庄,才能使离医院最远的村庄到医院的路程最近?

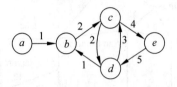

图 13.19 医院选址问题示意图

测试数据:针对图 13.19 所示的加权有向图,输入以下数据:

输入顶点数:5

输入顶点对和弧的权值:

$$1\ 2\ 1$$
$$2\ 3\ 2$$
$$3\ 4\ 2$$
$$3\ 5\ 4$$
$$4\ 2\ 1$$
$$4\ 3\ 3$$
$$5\ 4\ 5$$
$$0\ 0\ 0$$

(12) [**哈夫曼编码**] 在电报收发、数据通信过程中,可采用前缀编码使得字符编码的平均长度为最短。这种编码可以通过构造哈夫曼树的方式来实现。

算法输入:假设某系统在通信联络中只可能出现 A、B、C、D、E、F、G、H 八种字符,其频率分别为 0.05、0.29、0.07、0.08、0.14、0.23、0.03、0.11。

算法输出:各字符的哈夫曼编码。

13.9 数据结构课程设计补充题目

1. 运动会分数统计

[任务]

参加运动会的有 n 个学校,学校编号为 $1\cdots n$。比赛分成 m 个男子项目,和 w 个女子项目。项目编号为男子 $1\cdots m$,女子 $m+1\cdots m+w$。不同的项目取前五名或前三名积分;取前五名的积分分别为 7、5、3、2、1,前三名的积分分别为 5、3、2;哪些项目取前五名或前三名由学生自己设定。($m\leqslant 20,n\leqslant 20$)

[功能要求]

(1) 可以输入各个项目的前三名或前五名的成绩。

(2) 能统计各学校总分。

(3) 可以按学校编号、学校总分、男女团体总分排序输出。

（4）可以按学校编号查询学校某个项目的情况；可以按项目编号查询取得前三或前五名的学校。

[规定]

（1）输入数据形式和范围：20 以内的整数（如果要做得更完善可以输入学校的名称、运动项目的名称）。

（2）输出形式：有中文提示，各学校分数为整型。

（3）界面要求：有合理的提示，每个功能可以设立菜单，根据提示，可以实现相关的功能要求。

（4）存储结构：学生根据系统功能要求自行设计，但是要求运动会的相关数据存储在数据文件（数据文件的数据读写方法等内容请参阅 C 语言程序设计相关书籍）中。请在最后的上交资料中指明用到的存储结构。

[测试数据]

要求使用：①全部合法数据；②整体非法数据；③局部非法数据进行程序测试，以保证程序的稳定。测试数据及测试结果请在上交的资料中写明。

2. 一元多项式计算

[任务]

能够按照指数降序排列建立并输出多项式；能够完成两个多项式的相加、相减，并将结果输入。

[要求]

在上交资料中请写明：存储结构、多项式相加的基本过程的算法（可以使用程序流程图）、源程序、测试数据和结果、算法的时间复杂度，另外还可以提出算法的改进方法。

3. 订票系统

[任务]

通过此系统可以实现如下功能：

（1）录入：可以录入航班情况（数据可以存储在一个数据文件中，数据结构、具体数据自定）。

（2）查询：可以查询某个航线的情况（如输入航班号，可查询起降时间、起飞抵达城市、航班票价、票价折扣、航班是否满舱）；可以输入起飞、抵达城市，查询相关航班情况。

（3）订票：可以订票（订票情况可以存在一个数据文件中，结构自定），如果该航班已经无票，可以提供相关可选择航班。

（4）退票：可退票，退票后修改相关数据文件。客户资料包括姓名、证件号、订票数量及航班情况，订单要有编号。

（5）修改航班信息：当航班信息改变时可以修改航班数据文件。

[要求]

根据以上功能说明，设计航班信息、订票信息的存储结构，设计程序完成功能。

4. 迷宫求解

［任务］

可以输入一个任意大小的迷宫数据,用非递归的方法求出一条走出迷宫的路径,并将路径输出。

［要求］

在上交资料中请写明:存储结构、基本算法(可以使用程序流程图)、源程序、测试数据和结果、算法的时间复杂度,另外还可以提出算法的改进方法。

5. 文章编辑

［功能］

输入一页文字,程序可以统计出文字、数字、空格的个数。

［要求］

静态存储一页文章,每行最多不超过 80 个字符,共 N 行,然后实现以下操作:①分别统计出其中英文字母数和空格数及整篇文章总字数;②统计某一字符串在文章中出现的次数,并输出该次数;③删除某一子串,并将后面的字符前移。存储结构使用线性表,分别用几个子函数实现相应的功能。

［规定］

(1) 输入数据的形式和范围:可以输入大写、小写的英文字母、任何数字及标点符号。

(2) 输出形式:①分行输出用户输入的各行字符;②分 4 行输出"全部字母数"、"数字个数"、"空格个数"、"文章总字数";③输出删除某一字符串后的文章。

6. Joseph 环

［任务］

编号是 $1,2,\cdots,n$ 的 n 个人按照顺时针方向围坐成一圈,每个人只有一个密码(正整数)。一开始任选一个正整数作为报数上限值 m,从第一个人起顺时针方向自 1 开始顺序报数,报到 m 时停止报数。报 m 的人出列,将他的密码作为新的 m 值,从他在顺时针方向的下一个人开始重新从 1 报数,如此重复下去,直到所有人全部出列为止。设计一个程序来求出出列顺序。

［要求］

利用单向循环链表存储结构模拟此过程,按照出列的顺序输出各个人的编号。

［测试数据］

m 的初值为 20,$n=7$,7 个人的密码依次为 3、1、7、2、4、7、4,首先 $m=6$,则正确的输出是什么?

［规定］

(1) 输入数据:建立一个输入函数处理输入数据,输入 m 的初值和 n,输入每个人的密码,建立单循环链表。

(2) 输出形式:建立一个输出函数,输出正确的输出序列。

7. 猴子选大王

〔任务〕

一群猴子都有编号,编号是 $1,2,3,\cdots,m$,这群猴子(m 个)按照 $1-m$ 的顺序围坐成一圈,从第 1 开始数,每数到第 n 个,该猴子就要离开此圈,这样依次数下来,直到圈中只剩下最后一只猴子,则该猴子为大王。

〔要求〕

(1) 输入数据:输入 $m,n(m,n$ 为整数,$n<m)$。

(2) 输出形式:中文提示按照 m 个猴子,数 n 个数的方法,输出为大王的猴子是几号,建立一个函数来实现此功能。

8. 纸牌游戏

〔任务〕

编号为 $1\sim52$ 的牌,正面向上,从第 2 张开始,以 2 为基数,是 2 的倍数的牌翻一次,直到最后一张牌;然后,从第 3 张开始,以 3 为基数,是 3 的倍数的牌翻一次,直到最后一张牌;然后从第 4 张开始,以 4 为基数,是 4 的倍数的牌翻一次,直到最后一张牌;依次类推,直到所有以 52 为基数的牌翻过一次。输出:这时正面向上的牌有哪些?

第 14 章　数据结构课程设计案例
——图书管理信息系统的设计与实现

本章要点

◇ 系统的设计、分析及主要框架结构

◇ 数据结构的选择

◇ 具体算法设计

◇ 程序设计及测试

本章学习目标

◇ 了解一个较完整的管理信息系统的框架结构

◇ 掌握针对具体问题选择合适的数据结构的方法

◇ 理解算法及分程序的设计内涵

◇ 了解程序测试数据的选择及测试方法

14.1　设 计 要 求

在许多应用处理方面,特别是在处理面向事务管理类型的问题时,如财务管理、图书资料管理、人事档案管理等,都将涉及大量的数据处理。由于内存不适合于存储这类数量很大而且保存期又较长的数据,因此一般是将它们存于外存设备中,通常把这种存放在外存中的数据结构称为文件。

文件是多个性质相同的记录的集合。文件存储的数据量通常很大,它被放置在外存中。数据结构中所讨论的文件主要是数据库意义上的文件,而不是操作系统意义上的文件。操作系统中研究的文件是一维的无结构连续字符序列,而数据库中所研究的文件则是带有结构的记录的集合,每个记录可由若干个数据构成。记录是文件中存取数据的基本单位,数据项是文件可使用的最小单位。数据项有时也称字段或属性,其中能够唯一标识一个记录的数据项称为主关键字项,主关键字项的值称为主关键字。

图书信息表所表示的就是一个数据库文件。图书管理一般包括图书采编、图书编目、图书查询及图书流通(借、还书)等。要求设计一个图书管理信息系统,用计算机实现上述系统功能。

具体设计要求如下:

（1）建立一个图书信息数据库文件，输入若干种书的记录，建立一个以书号为关键字的索引链头文件；在主数据库文件中建立以书名、作者及出版社为次关键字的索引以及对应的索引链头文件，如图 14.1 所示。

（2）建立关于书号、书名、作者及出版社的图书查询。

（3）实现图书的借还子系统，包括建立读者文件、借还文件、读者管理及图书借还等相关的处理。

记录号	书号	书名	指针1	作者	指针2	出版社	指针3	分类	藏书量	借出数
1	1021	数据库	0	李小云	0	人民邮电	0	021	8	0
2	1014	数据结构	0	刘晓阳	0	中国科学	0	013	6	0
3	1106	操作系统	0	许海平	0	人民邮电	1	024	7	0
4	1108	数据结构	2	孙华英	0	清华大学	0	013	5	0
5	1203	程序设计	0	李小云	1	中国科学	2	035	6	0
6	2105	数据库	1	许海平	3	清华大学	4	021	6	0
7	1012	数据结构	4	李小云	5	人民邮电	2	013	6	0
8	0109	程序设计	5	刘晓阳	2	清华大学	6	035	7	0

（a）图书主索引文件

书名	链头地址	长度
数据库	6	2
数据结构	7	3
操作系统	3	1
程序设计	8	2

（b）书名索引链头文件

作者	链头地址	长度
李小云	7	3
刘晓阳	8	2
许海平	6	2
孙华英	4	1

（c）作者索引链头文件

出版社	链头指针	长度
人民邮电	7	3
中国科学	5	2
清华大学	8	3

（d）出版社索引链头文件

图 14.1　图书主文件及相关索引文件

14.2　设计分析

1. 数据文件类型设计

根据设计要求，定义数据结构类型如下。

（1）主数据库文件：

```
typedef struct{
    char bno[5];                  /＊书号＊/
    char bname[21];               /＊书名＊/
    int namenext;                 /＊书名指针链，为了处理方便，仅将数据库记录号看＊/
                                  /＊做记录的地址指针＊/
    char author[9];               /＊作者＊/
    int autonext;                 /＊作者链指针（用记录号）＊/
    char press[11];               /＊出版社＊/
    int prenext;                  /＊出版社链指针＊/
    char sortno[4];               /＊分类号＊/
    int storenum;                 /＊藏书量＊/
```

```
    int borrownum;                      /*借出数*/
}BookRecType;                           /*数据库记录类型*/
typedef struct{
    BookRecType BookDbase[BookSize];
    int len;                            /*文件当前长度*/
}BookDbaseFile;                         /*定义图书数据库文件类型*/
```

(2) 书名索引文件：

```
typedef struct{
    char bno[5];                        /*书号*/
    int RecNo;                          /*记录指针*/
}BidxRecType;                           /*索引文件记录类型*/
typedef struct{
    BidxRecType BnoIdx[BookSize];
    int len;                            /*当前记录个数*/
}BnoIdxFile;                            /*书号索引文件类型*/
```

(3) 书名链头索引文件：

```
typedef struct{
    char bname[21];                     /*书名*/
    int lhead;                          /*链头指针*/
    int RecNum;                         /*长度*/
}BNRecType;                             /*书名链头文件记录类型*/
typedef struct{
    BNRecType LHFrec1[BLHnum];
    int len1;                           /*链头文件当前长度*/
}LHFile1;                               /*书名链头文件类型*/
```

(4) 作者链头索引文件：

```
typedef struct{
    char author[9];                     /*作者*/
    int lhead;                          /*链头指针*/
    int RecNum;                         /*长度*/
}BARecType;                             /*作者链头文件记录类型*/
typedef struct{
    BARecType LHFrec2[BLHnum];
    int len2;
}LHFile2;                               /*作者链头文件类型*/
```

(5) 出版社链头索引文件：

```
typedef struct{
    char press[11];                     /*出版社*/
    int lhead;                          /*链头指针*/
    int RecNum;                         /*长度*/
}BPRecType;                             /*出版社链头文件记录类型*/
typedef struct{
    BPRecType LHFrec3[BLHnum];
```

```
        int len3;
}LHFile3;                          /*出版社链头文件类型*/
```

（6）读者文件：

```
typedef struct{
        char rno[4];               /*读者号*/
        char name[8];              /*读者名*/
        int bn1;                   /*可借书数*/
        int bn2;                   /*已借书数*/
}RRecType;                         /*读者文件记录类型*/
typedef struct{
        RRecType ReadRec[RRnum];
        int len;                   /*当前读者数 */
}ReadFile;                         /*读者文件类型*/
```

（7）借还书文件：

```
typedef struct{
        char rno[4];               /*读者号*/
        char bno[5];               /*书号*/
        char date1[9];             /*借书日期*/
        char date2[9];             /*还书日期*/
}BbookRecType;                     /*借还书文件记录类型*/
typedef struct{
        BbookRecType Bbook[BookSize];
        int len;                   /*当前借书数*/
}BbookFile;                        /*借还书文件类型*/
```

2. 系统功能算法描述

（1）建立图书数据库文件及按书号的索引文件

建立文件时,在输入记录建立数据库文件的同时建立一个索引表。索引表中的索引项按记录输入的书号排列(用插入排序法),并同时修改相关的索引及链头文件。为了方便起见,这里将文件用记录数组替代实现;为了处理方便,在后面使用数组时,数组下标都是从 1 开始。

① 输入一条图书记录的算法描述如下：

```
void AppeDBaseFile(BookDbaseFile &df)
{
  提示输入项的输入顺序;
  输入一条记录;
  图书记录计数器加 1;
}
```

② 书号索引文件的修改：

```
void ChangeBnoIdxF(BookDbaseFile &df,BnoIdxFile &bif)
{
  取当前图书记录中书号送至变量 sh 中
```

```
    while(j>=1)
    {   /*找插入位置*/
        if(sh>索引表中第 j 个记录的书号)
        {k=j+1;break;}
        j--;
    }
    /*在有序索引表中插入一个索引记录*/
    /*记录后移,留出位置*/
    /*插入记录*/
    bif.len++;                      /*表长加 1*/
}
```

(2) 多重表文件的建立

文件可以按照记录中关键字的多少,分成单关键字文件和多关键字文件。若文件中的记录只有一个唯一标识记录的主关键字,则称为单关键字文件;若文件中的记录除了含有一个主关键字外,还含有若干个次关键字,则称为多关键字文件。本案例中设计的图书文件是一个多关键字文件,除了书号为主关键字外,还有多个次关键字,如书名、作者、出版社等。

多关键字文件的组织方式有两种:一种叫做倒排文件,另一种叫做多重表文件。本案例中采用多重表文件方式来表示图书文件。多重表文件是将索引方法和连接方法相结合的一种组织方式,它对每个需要查询的次关键字建立一个索引,同时将具有相同次关键字的记录链接成一个链表,并将此链表的头指针、链表长度及次关键字作为索引表的一个索引项,该索引表又称为链头索引文件。

根据设计要求,需要建立三项次关键字的索引和相对应的链头索引文件。建立次关键字索引及建立链头索引文件的基本思想是:根据一条主文件的记录,将要建立的次关键字与对应的链头索引文件中的关键字进行比较,若有相等的,就将主文件中索引指针修改成链头指针文件中的当前指针,并同时修改链头文件中和链头指针为当前主文件的记录指针以及记录个数加 1;若没有相等的,就将主文件中索引指针置为 0(NULL 空值),并修改链头文件中和链头指针为当前主文件的记录指针以及记录个数置为 1。

以书名次关键字建立索引为例,具体算法描述如下:

```
void ChangeLinkHeadF1(BookDbaseFile &df,LHFile1 &lhf1)
    {
    处理图书文件当前记录;
    while(j<=lhf1.len1)
    {
        在链头文件中查询与次关键字相等的记录;
        if(相等)
        {k=j;break;}
        j++;
    }
    /*采用头插法建立索引*/
    if(找到相等的记录)
    {
```

　　　　链头文件记录的指针存入图书主文件当前记录的相应指针域;
　　　　主文件的当前记录号(假定为指针)存入链头文件的指针域;
　　　　链头文件记录的记录计数器加 1;
　　　}
　　　else
　　　{
　　　　主文件中当前记录的指针域置空(0);
　　　　主文件的当前记录号(假定为指针)存入链头文件的指针域;
　　　　链头文件记录的记录计数器置为 1;
　　　　索引关键字个数加 1;
　　　}
　　}

(3) 建立关于书号、书名、作者及出版社的查询

```
void SearchBook(BookDbaseFile df,BnoIdxFile bif,LHFile1 f1,LHFile2 f2,LHFile3 f3)
{
  choose = 1;
  while(choose > = 1&&choose < = 5)
  {  显示图书查询菜单;
    1. 书　号
    2. 书　名
    3. 作　者
    4. 出版社
    5. 退　出
    请用户选择; to choose
      switch(choose)
      {
    case 1;输入书号;调用书号查询算法;break;
    case 2;输入书名;调用书名查询算法;break;
    case 3;输入作者;调用作者查询算法;break;
    case 4;输入出版社;调用出版社查询算法;break;
    case 5;return;
      }
  }
}
```

　　① 书号查询算法。由于图书文件已按书号建立了索引文件,即已按书号索引有序
化,因此,可采用二分查找算法来实现书号查询。查询算法描述如下:

```
int BinSearch(BnoIdxFile bif, char key[])
{
    while(low < = high){
      mid = (low + high)/2;
      if(strcmp(key,L.sl[mid].keys) == 0) return mid;
    else if(strcmp(key,L.si[mid].keys < 0)high = mid − 1;
    else low = mid + 1;
  }
 return 0;
}/ * BinSearch * /
```

② 按书名查询算法：

```
int BnameFind(LHFile1 lhf1,char key[ ])
{
    /* 顺序查找书名链头文件 */
    for(i=1;i<lhf1.len1;i++)
    {
        if(key==链头文件中当前记录的书名)
        {
        k=链头文件中当前记录链头;
        退出循环;
        }
    }
    return k;                      /* k就是查找书名的首记录号 */
}
```

按作者和出版社查询与上述按书名查询算法类似,在这里就不一一介绍。

(4) 借书处理算法

```
void BorrowBook(BookDbaseFile bf,BbookFile bbf,ReadFile rf)
{
    输入读者号、书号、借阅日期;
    借书处理:查找读者文件,验证读者身份,先检验读者是否可以借书,若不能借,就提示读者"书
已借满,不能再借";若可借,则查图书主文件,借阅的图书是否已被借出,若借出,显示"图书已借
出",否则,借还书文件追加一条记录,记录相关内容,并分别修改图书文件和读者文件;
}
```

(5) 还书处理算法

```
void BackBook(BookDbaseFile bf,BbookFile bbf,ReadFile rf)
{
    输入读者号、书号、还书日期;
    还书处理:查找读者文件,修改借书数;
    查图书主文件,修改借出数;
    查询借还书文件,填入还书日期;
}
```

14.3   设计的实现

1. 输入图书记录建立相关文件(存放文件 createfile. c)

(1) 追加一条图书主数据库记录

```
void AppeDBaseRec(BookDbaseFile &df)
{
    int i;
    i=++df.len;                    /* 图书主数据库长度加 1 */
    printf("书号  书名    作者名    出版社   分类     藏书量\n");
    scanf("%s%s",df.BookDbase[i].bno,df.BookDbase[i].bname);
```

```
        scanf("%s%s",df.BookDbase[i].author,df.BookDbase[i].press);
        scnaf("%s  %d",df.BookDbase[i].sortno,&df.BookDbase[i].strorenum);
        df.BookDbase[i].borrow = 0;
    }
```

（2）修改书号索引表

```
void ChangeBnoIdxF(BookDbaseFile &df,BnoIdxFile &bif)
{
    int i,j,k;
    char sh[4];
    i = df.len;      /*图书主文件的当前长度,也就是要处理的当前记录号*/
    strcpy(sh,df.BookDbase[i].bno);    /*取记录中书号送至变量 sh 中*/
    j = bif.len;k = 1;
    while(j >= 1)
    {   /*查找插入位置*/
        if(srcmp(sh,bif.BnoIdx[j].bno)> 0)
        {   k = j + 1;break;}
        j --;
    }
    if(bif.len > 0)                          /*有序表的插入*/
        for(j = bif.len;j >= k;j -- )
            bif.BnoIdx[j + 1] = bif.BnoIdx[j];   /*记录后移*/
    strcpy(bif.BnoIdx[k].bno,sh)
    bif.BnoIdx[k].RecNo = i;
    bif.len ++ ;
}
```

（3）修改书名索引和书名链头索引表

```
void ChangeLinkHeadF1(BookDbaseFile &df,LHFile1 &lhf1)
{   int i,j,k,m;
    char sm[20];
    i = df.len;   /*图书主文件的当前长度,也就是要处理的当前记录号*/
    strcpy(sm,df.BookDbase[i].bname);  /*取记录中书名送至变量 sm 中*/
    j = 1;k = 0;
    while(j <= lhf1.len1)
    {   /*查找与次关键字相等的记录*/
    if(strcmp(sm,lhf1.LHFrec1[j].bname) == 0)
    {   k = j;break;}
    j ++ ;
    }
 if(k! = 0)
{
    df.BookDbase[i].namenex = lhf1.LHFrec1[k].lhaed;
    lhf1.LHFrec[k].lhead = i;              /*i为主文件的当前记录号(假定为指针)*/
    lhf1.LHFrec1[k].RecNum ++ ;
}
else
{m =++ lhf1.len1;                          /*索引关键字个数加 1*/
```

```
    df.BookDbase[i].namenext = 0;              /*用头插法建立链表,指针置空*/
    lhf1.LHFrec1[m].lhead = i;                 /*i为主文件的当前记录号(假定为指针)*/
    lhf1.LHFrec1[m].RecNum = 1;                /*计数器置1*/
    strcpy(lhf1.LHFrec1[m].bname,sm);
        }
}
```

(4) 修改作者索引以及作者链头索引表

```
void ChangelinkHeadF2(BookDbaseFile &df,LHFile2 &lhf2)
{   int i,j,k,m;
    charzz[8];
    i = df.len;        /*图书主文件的当前长度,也就是要处理的当前记录号*/
    strcpy(zz,df.BookDbase[i].author);/*取记录中作者名送至变量 zz 中*/
    j = 1;k = 0;
    while(j <= lhf2.len2)
    {                                          /*查找与次关键字相等的记录*/
    if(strcmp(zz,lhf2.LHFrec2[j]author) == 0)
      {k = j;brea;}
      j++ ;
     }
    if(k! = 0)
    {
    df.BookDbase[i].authnext = lhf2.LHFrec2[k].lhead;
    lhf2.LHFrec2[k].lhv ead = i;               /*不为主文件的当前记录号(假定为指针)*/
    lhf2.LHFrec2[k].RecNum ++ ;
    }
    else
    { m =++ lhf2.len2;                         /*索引关键字个数加 1*/
    df.BookDbase[i].authnext = 0;              /*用头插法建立链表,指针置空*/
    lhf2.LhFrec2[m].lhead = i;                 /*i为主文件的当前记录号(假定为指针)*/
    lhf2.LHFrec2[m].RecNum = 1;                /*计数器置1*/
    strcpy(lhf2.LHFrec2[m].author,zz);
      }
}
```

(5) 修改出版社索引和出版社链头索引表

```
void ChangLinkHeadF3(BookDbaseFile &df,LHFile3 &lhf3)
{   int i,j,k,m;
    char cbs[10];
    i = df.len;        /*图书主文件的当前长度,也就是要处理的当前记录号*/
    strcpy(cbs,df.BookDbase[i].press);/*取记录中书名送至变量 sm 中*/
    j = 1;k = 0;
    while(j < lhf3.len3)
    {/*查找与次关键字相等的记录*/
    if(strcmp(cbs,lhf3.LHFrec3[j].press) == 0)
    {k = j;break;}
    j++ ;
    }
```

```
if(k! = 0)
{
df.BookDbase[i].prenext = lhf3.LHFrec3[k].lhead;
lhf3.LHFrec3[k].lhead = i;                    /*i为主文件的当前记录号(假定为指针)*/
lhf3.LHFrec3[k].RecNum ++ ;
}
else
{   m ++ lhf3.len3;                           /*索引关键字个数加1*/
df.BookDbase[i].prenext = 0;                  /*用头插法建立链表,指针置空*/
lhf3.LHFrec3[m].lhead = i;                    /*i为主文件的当前记录号(假定为指针)*/
lhf3.LHFrec3[m].RecNum = 1;                   /*计数器置1*/
strcpy(lhf3.LHFrec3[m].press,cbs);
    }
}
```

(6) 建立图书多重表主索引及相关索引链头文件

```
CreateBook(BookDbaseFile &bf.BnoIdeFile &bif,LHFrec1 &f1,LHFrec2 &f2,LHFrec3 &f3)
{ char yn = 'y';
while(yn))'y'||yn == 'Y'){
AppeDBaseRec(bf);                             /*输入记录*/
ChangeBnoIdexF(bf,bif);                       /*修改书号索引文件*/
changeeLinkHeadF1(bf,f1););                   /*修改书名索引文件*/
ChangeLinkHeadF2(bf,f2););                    /*修改作者索引文件*/
ChangeLinkHeadF2(bf,f3););                    /*修改出版社索引文件*/
printf("继续输入吗? y/n\n");
scanf(" % c),&yn);
    }
}
```

2. 建立关于书号、书名、作者及出版社的查询(search. c)

(1) 按书号查询算法

用二分查找实现书号查询算法如下:

```
int BinSearcgh(BnoIdexFile bif,char key[])
{   int low,high,mid
low = 1;
high = bif.len;
while(low < = high){
mid = (low + high)/2;
if(strcmp(key,bif.BnoIdex[mid]bno)< 0)
return bif.BnoIdx[mid].RecNo;
else if(trcmp(key,bif.BnoIdx][mid].bno)< 0)
  high = mid - 1;
 else low = mid + 1;
   }
return 0;
}
```

（2）按书名查询算法

```
int BnameFind(LHfile1 lhf1,char key[])
{   int i,k = 0;
   for(i = 1;i < = lhf1,len1;i ++ )
{ if(strcmp(key,lhf1.LHFrec1[i].bname) == 0)
   {
k = lhf1.LHFrec1[i].lhead;break;
   }
}
return k;
}
```

（3）按作者查询算法

```
int BauthFind(LHFile2 lhf2,char key[])
{   int i,k = 0;
for(i = 1;i < lf2.len2;i ++ )
{   if(strcmp(key,lhf2.LHFrec2[i].author) == 0)
   {
   k = lhf2.LHFrec2[i].lhead;break;
   }
}
return k;
}
```

（4）按出版社查询算法

```
int BnameFind(LHFile3 lhf3,char key[])
{   int i,k = 0;
 for(i = 1;i < = lhf3.len3;i ++ )
{ if(strcmp(key,lhf3.LHFrec3[i].press) == 0)
   {
   k = lhf3.LHFrec3[i].lhead;break;
   }
}
   return k;
}
```

（5）输出一条图书主数据库记录

```
void ShowRec(bookDbaseFile df,int i)
{
   printdf("书号      书名        作者名     出版社          分类号 \n");
   printdf(" ========================                        \n");
   printdf("% - 6s % 20s",df.BookDbase[i].bno.df.BookDbase[i].bname);
   printdf("%8s %10s",df.BookDbase[i].author,df.BookDbase[i].press);
   printdf("% - 6s\n",BookDbase[i]sortno);
   printdf(" ========================                        \n");
```

（6）图书查询控制程序

```
Void SearchBook(BookDbaseFile df,BnoIdxFile bif,LHFile1 f1,LHFile2 f2,LHFile3 f3)
{char sh[4],sm[20],zz[8],cbs[10];
while(choose>=1&&choose<=5)
{  printf("图书查询子系统");
   printf(" ---------------- \n");
   printf("1.书 号 2.书 名\n");
   printf("3.作 者 4.出版社\n");
   printf("5.退 出\n");
   printf(" ---------------- \n");
   printf("请用户选择：\n");
   scanf(" %d",&choose);
   switch(choose)
{
   case 1：
    printf("输入书号:\n");scanf(" %s",sh);
    k=BinSearch(bif,sh);              /*调用书号查询算法*/
    if(k==0) {
     printf("没有要查找的图书,请检查是否输入有错\n");
     break;
    }
    ShowRec(df,k)
    break;
   case 2：
    printf("输入书号:\n");scanf(" %s",sm);
    k=BinSearch(f1,sm);              /*调用书号查询算法*/
    if(k==0) {
     printf("没有要查找的图书,请检查是否输入有错\n");
     break;
    }
    for(i=k;i;i=df.BookDbase[i].namenex)
    ShowRec(df,i)
    break;
   case 3：
    printf("输入书号:\n");scanf(" %s",zz);
    k=BinSearch(f2,zz);              /*调用书号查询算法*/
    if(k==0) {
     printf("没有要查找的图书,请检查是否输入有错\n");
     break;
    }
    for(i=k;i;i=df.BookDbase[i].authnext)
    ShowRec(df,i)
    break;
   case 4：
    printf("输入书号:\n");scanf(" %s",cbs);
    k=BinSearch(f3,cbs);              /*调用书号查询算法*/
    if(k==0) {
     printf("没有要查找的图书,请检查是否输入有错\n");
```

```
            break;
        }
        for(i = k;i;i = df.BookDbase[i].prenext)
        ShowRec(df,i)
        break;
    case 5: return;
    }
  }
}
```

3. 借还书处理(borrow. c)

(1) 借书处理算法

```
void BorrowBook(BookDbaseFile &bf,BnoIdxFile bif,BbookFile &bbf,ReadFile &rf)
{
    char dzh[8],sh[4],jyrq[8];
    int i,j,k = 0;
    printf("输入读者号    书号    借阅日期\n");
    scanf("%s%s%s",dzh,sh,jyrq);
    for(i = 1;i <= rf.len;i ++ )          /* 查找读者文件 */
        if(strcmp(dzh,rf.ReadRec[i].rno) == 0)
            {k = i;break;}
    if(k == 0) {printf("非法读者! \n");return;}
    if(rf.ReadRec[k].bn2 >= rf.ReadRec[k].bn1)
        {printf("书已满期! \n");return;}
    j = BinSearch(bif,sh);                /* 查找图书文件 */
    if(j == 0) {printf("非法书号! \n);return;}
    if(bf.BookDbase[j].borrownum >= bf.BookDbase[j].storenum)
        {printf("图书已借出\n");return;}
    i =++ bbf.len;                        /* 借还书文件记录数加 1 */
    strcpy(bbf.Bbook[i].rno,dzh);         /* 借还书文件追加一条记录,记录相关内容 */
    strcpy(bbf.Bbook[i].bno,sh);
    strcpy(bbf.Bbook[i].data1,jyrq);
    rf.ReadRec[k].bn2 ++ ;                /* 读者借书数加 1 */
    bf.BookDbase[j].borrownum ++ ;        /* 图书借出数加 1 */
    printf("借书成功! \n");
}
```

(2) 还书处理算法

```
void BackBook(BookDbaseFile &bf,BnoIdxFile bif,BbookFile &bbf,ReadFile &rf)
{
    char dzh[8],sh[4],hsrq[8];
    int i,j,k = 0,m = 0;
    printf("输入读者号    书号    还书日期\n");
    scanf("%s%s%s",dzh,sh,hsrq);
    for(i = 1;i <= rf.len;i ++ )          /* 查找读者文件 */
        if(strcmp(dzh,rf.ReadRec[i].rno) == 0)
            {k = i;break;}
    if(m == 0) {printf("非法读者! \n");return;};
```

```
    for(i = 1;i < = bbf.len;i ++ )              / * 查询借还书文件 * /
        if(strcmp(sh,bbf.Bbook[i].bno) == 0)
            {m = i;break;}
    if(m == 0) {printf("非法书号! \n");return;}
    j = BinSearch(bif,sh);                      / * 查找图书文件 * /
    if(j == 0) {printf("非法书号! \n");return;}
    rf.ReadRec[k].bn2 -- ;                      / * 修改借书数 * /
    bf.BookDbase[j].borrownum -- ;              / * 修改借出数 * /
    strcpy(bbf.Bbook[m].data2,hsrq);            / * 填入还书日期 * /
    printf("还书成功! \n");
}
```

4. 读者管理子系统(reader.c)

```
void ReaderMange(ReadFile &rf)
{                                          / * 为了简单起见,仅设计增加读者一个功能 * /
    int i;char yn = 'y';
i =++ rf.len;
while(yn == 'y'||yn == 'Y'){
printf("输入读者号    读者名    可借图书数\n");
scanf(" % s % s ",rf.ReadRec[i].rno,rf.ReadRec[i].name);
scnaf(" % d",&rf.ReadRec[i].bn1);
printf("继续输入吗? y/n:\n");
  scanf(" % c"&yn);i ++ ;
  }
rf.len = i - 1;
}
```

5. 各类文件写盘(writefile.c)

```
void writefile(BookDbaseFile bf,BnoIdxFile bif,LHFile1 f1,LHFile2 f2,LHFile3 f3,ReadFile
rf,BookFile bbf)
{  FILE * fp;int i;
  / * 写图书主文件 * /
  fp = fopen("book","wb");
for(i = 1;i < + bf.len;i ++ )
    fwrite(&bf.BookDbase[i],sizeof(BooKRecType),l,fp);
fclose(fp);

/ * 写图书索引文件 * /
fp = fopen("bidx","wb");
for(i = 1;i < = bif.len;i ++ )
  fwrite(&bfi.BnoIdx[i],sizeof(BidxRecType),l,fp);
fclose(fp);
/ * 写书名索引链头文件 * /
fp = fopen("bidx","wb");
for(i = 1;i < f1.len1;i ++ )
  fwirte(&f1.LHFrec1[i],sizeof(BidxRecType),l,fp);
fclose(fp);
/ * 写作者索引链头文件 * /
```

```
fp = fopen("aidx","wb");
for(i = qi <= f2.len2;i ++ )
    fwrite(&f2.LHFrec2[i],sizeof(BARecType),1,fp);
fclose(fp);
/* 写出版社索引链头文件 */
fp = fopen("pidx","wb");
for(i = 1;i <= f3.len3;i ++ )
    fwrite(&f3.LHFrec3[i],sizeof(BPRecType),1,fp);
fclose(fp);
/* 写读者文件 */
fp = fopen("read","wb");
for(i = 1;i <= rf.len;i ++ )
    fwrite(&rf.ReadRec[i],sizeof(RRecType),1,fp);
fclose(fp);
/* 写借还书文件 */
fp = fopen("bbff","wb");
for(i = 1;i <= bbf.len;i ++ )
    fwrite(&bbf.Bbook[i],sizeof(BbookRecType),1,ffp);
fclose(fp);
}
```

6. 读入盘中各类文件(readfile.c)

```
void readfile(BookDbaseFile &bf,BnoIdxFil &bif,LHFile1 &f1,LHFile2 &f2,LHFile3 &f3,
ReadFile &rf,BookFile &bbf)
{   FILE * fp;int i;
    /* 读图书主文件 */
fp = fopen("book","rb");
i = 1;
while(! feof(fp)){
    fread(&bf.BookDbase[i],sizeof(BookRecType),1,fp);
i ++ ;if(feof(fp))break;
bf.len = i - 1;fclose(fp);

    /* 读书号索引文件 */
fp = fopen("bidx","rb");
i = 1;
while(! feof(fp)){
    fread(&bif.BnoIdx[i],sizeof(BidxRecType),1,fp);
    i ++ ;
}
bif.len = i - 1;fclose(fp);
    /* 读书名索引链头文件 */
fp = fopen("nidx","rb");
i = 1;
while(! feof(fp)){
    fread(&f1.LHFrec1pi[i],sizeof(BNRecType),1,fp);
    i ++ ;
}
f1.len1 = i - 1;fclose(fp);
```

```
/*读作者索引文件*/
fp = fopen("aidx","rb");
i = 1;
while(! feof(fp)){
    fread(&f2.LHFrec2[i],sizeof(BARecType),1,fp);
    i ++ ;
}
    f2.len2 = i - 1;
    fclose(fp);

/*读出版社索引链头文件*/
fp = fopen("pidx","rb");
i = 1;
while(! feof(fp)){
    fread(&f3.LHFrec3[i],sizeof(BPRecType),1,fp);
    i ++ ;
}
f3.len3 = i - 1;fclose(fp);

/*读读者文件*/
fp = fopen("read","rb");
i = 1;
while(! feof(fp)){
    fread(&rf.ReadRec[i],sizeof(RRecType),1,fp);
    i ++ ;
}
rf.len = i - 1;fclose(fp);

/*读借还书文件*/
fp = fopen("bbff","rb");
i = 1;
while(! feof(fp)){
    fread(&bbf,Bbook[i],sizeof(BbookRecType),1,fp);
    i ++ ;
    }
 bbf.len = i - 1;fclose(fp);
}
```

14.4　测试运行实例

14.4.1　主控菜单的设计

```
void main()
{ int i,j,m,k = 1;
  char xz = 'n';
BookDbaseFile bf;
BnoIdxFile bif;
```

数据结构课程设计案例——图书管理信息系统的设计与实现

```
LHFile f1;LHFile2 f2;LHFile3 f3;
ReadFile rf;BbookFile bbf;
while(k<=5)
{   printf("图书管理系统\n");
    printf("1.系统维护\n");
printf("2.读者管理\n");
printf("3.图书管理\n");
printf("4.图书流通\n");
printf("5.退出系统\n");
printf(" ========== \n");
printf("请选择1-5;\n");
scanf("%d",&k);
switch(k){
case 1:
printf("系统维护\n");
printf(" --------- - \n");
printf("1.初始化\n");
printf("2.读      盘\n");
printf(" --------- - \n");
printf("请选择:   \n");scanf("%d",&m);
switch(m){
 case 1:
    printf("初始化只能做一次,需慎重! 初始化吗? y/n:\n");
    scanf("%c",&xz);
    if(xz=='y'||xz=='Y')
     {
    bf.len=bif.len=f1.len1=f2.len2=0;
    f3.len3=rf.len=bbf.len=0;
}
    break;
case 2:readfile(bf,bif,f1,f2,f3,rf,bbf);
    break;
}
    case 2:ReadreManage(rf);
        break;
    case 3:printf("图书管理子系统\n");
            printf(" ---------- \n");
            printf("1.图书信息输入\n");
            printf("2.图书信息查询\n");
            printf(" ---------- \n");
            printf("请   选   择 :     \n");
            scanf("%d",&j);
            if(j==1)
                CreateBook(bf,bif,f1,f2,f3);
            else
                SerachBook(bf,bif,f1,f2,f3);
            break;
        case 4:printf("图书流通子系统\n");
            printf(" ---------- \n");
            printf("1.借书处理\n");
            printf("2.还书处理\n");
```

```
            printf(" ---------- \n");
            printf("请    选    择 :    \n");
        scanf(" % d",&j);
        if(j == 1)
            BorrowBook(bf,bif,bbf,rf);
        else if(j == 2)
            Backbook(bf,bif,bbf,rf);
        break;
    case 5:printf("系统正在写盘，稍等…\n");
           writefile(bf,bif,f1,f2,f3,rf,bbf);
        printf("再见！\n");
        return;
    }
  }
}
```

14.4.2　测试运行实例

如果要运行上述主控菜单程序,还需要加入一些宏定义、文件包含以及相关的类型定义等,其中类型定义在 14.2 节中已经给出,假设存储在 type. h 文件中。因此,在运行的主控菜单程序的前面加上如下内容:

```
# define BookSize 100          / * 假定图书文件的最大可能记录数 * /
# define BLHnum 50             / * 索引链头文件中的记录数 * /
# define RRnum 50              / * 读者的最大可能数 * /
# include < stdio. h >          / * 包含标准系统输入输出头文件 * /
# include < string. h >         / * 包含字符串处理头文件 * /
# include "type. h"            / * 包含已定义各文件类型 * /
# include "createfile. c"      / * 包含建立各种文件算法 * /
# include "search. c"          / * 包含查询算法 * /
# include "reader. c"          / * 包含读者管理算法 * /
# include "borrow. c"          / * 包含借还书处理算法 * /
# include "writefile. c"       / * 包含写各类文件算法 * /
# include "readfile. c"        / * 包含读各类文件算法 * /
```

加入主控菜单程序后就可以编译运行整个图书管理系统程序了。运行开始后,首先会显示如下菜单,供用户选择:

```
   图书管理系统
========
1. 系统维护
2. 读者管理
3. 图书管理
4. 图书流通
5. 退出系统
========
请选择 1 - 5 :_
```

下面就选择相关的功能处理,介绍实例操作及相应的说明。

1. 系统维护

例如,在上面的主控菜单中选择1后,系统显示如下菜单供选择:

```
  系统维护
======
  1.初始化
  2.读  盘
------
    请选择: __
```

在第一次开始运行后,必须先选"1.系统维护"中的"初始化"操作,使有关文件指针、计数器等初始化为0;而在以后的每次操作开始时,先选"1.系统维护"中的"读盘"操作,将保存过的相关图书信息磁盘文件读入,以便进行各类操作。

2. 读者管理

由于读者管理的处理相对来说比较简单,因此在这项处理中仅设计了读者信息的追加输入一项,其他部分留给读者自己完成。

在进行借还书处理之前,必须先选择"2.读者管理",输入信息。若需要增加读者也同样选择该项菜单进行输入。假设选择"2.读者管理",进入读者信息输入模块,系统显示输入数据项提示:

```
  输入读者号    读者名    可借图书数
    201       李石林      8
```

系统提示:

继续输入吗? y/n: y

系统提示:

```
  输入读者号    读者名    可借图书数
    203       王可旺      10
```

系统提示:

继续输入吗? y/n:y

系统提示:

```
  输入读者号     读者名    可借图书数
    204       成望平      6
```

系统提示:

继续输入吗? y/n:n

结束输入回到主控菜单:

```
  图书管理系统
========
  1.系统维护
```

```
    2.读者管理
    3.图书管理
    4.图书流通
    5.退出系统
========
```

请选择 1－5:__

3. 图书管理

在图书管理子系统中,仅设计了图书信息的输入,并建立相关的索引和图书信息的两个部分,其他部分如图书订购、新书通报、汇总统计等功能均未实现,也留给读者根据自己的需要去完成各部分内容。

在选择"3.图书管理"菜单项之后,系统提示如下:

```
图书管理子系统
--------
    1.图书信息输入
    2.图书信息查询
--------
```

请选择:__

此时若选择1,就进入图书信息输入子模块,在输入信息的同时建立相应的索引及索引文件和索引链头文件,例如在输入提示下,输入9.1节设计要求中给出的数据表内容:

书号(4)	书名(20)	作者名(8)	出版社(10)	分类号(3)	藏书量
1014	数据库	李小云	人民邮电	021	8

系统提示:

继续输入吗? y/n:y

书号(4)	书名(20)	作者名(8)	出版社(10)	分类号(3)	藏书量
1014	数据结构	刘晓阳	中国科学	013	6

系统提示:

继续输入吗? y/n:y

按同样的方法输入以下各图书信息:

1106	操作系统	许海平	人民邮电	024	7
1108	数据结构	孙华英	清华大学	013	5
1203	程序设计	李小云	中国科学	035	6
2105	数据库	许海平	清华大学	021	6
1012	数据结构	李小云	人民邮电	013	5
0109	程序设计	刘晓阳	清华大学	025	7

直到在提示"继续输入吗? y/n:"后输入 n 结束输入。

有了图书信息数据之后,就可以进行图书信息的查询以及图书借阅等操作了。如果在图书的菜单中选择"2.图书查询",系统会有如下的子菜单提示:

233

```
     图书查询子系统
   ----------
   1.书  号  2.书  名
   3.作  者  4.出版社
   5.退  出
   ----------
请选择  1  ＜enter＞
```

（1）若在此处选 1,按书号查询,系统会提示:

```
输入书号: 1108      ＜enter＞
```

查找到后,则显示查询结果:

```
书号     书名       作者名      出版社      分类号
=====================================
1108     数据结构   孙华英      清华大学    013
=====================================
```

若输入的书号不存在,则会显示:

没有要查的书！请检查是否输入错误。

（2）如果选择 2,按书名查询,系统即显示:

```
输入书名:数据结构  ＜enter＞
```

显示查询结果,即所有书名为"数据结构"的图书信息;

```
书号     书名       作者名      出版社      分类号
=====================================
1012     数据结构   李小云      人民邮电    013
=====================================
书号     书名       作者名      出版社      分类号
=====================================
1014     数据结构   刘晓阳      中国科学    013
=====================================
书号     书名       作者名      出版社      分类号
=====================================
1108     数据结构   孙华英      清华大学    013
=====================================
```

（3）如若选择 3,按作者查询,系统会提示:

```
输入作者名:许海平    ＜enter＞
```

则显示"许海平"编写的所有图书信息:

```
书号     书名       作者名      出版社      分类号
=====================================
2105     数据库     许海平      清华大学    021
书号     书名       作者名      出版社      分类号
=====================================
```

```
1106      操作系统    许海平      人民邮电     024
=================================
```

（4）如果选择4,按出版社查询,系统显示:

输入出版社:中国科学   <enter>

此时将显示中国科学出版社出版的所有图书信息:

```
书号      书名        作者名      出版社     分类号
=================================
1203     程序设计    李小云     中国科学    035
=================================
书号      书名        作者名      出版社     分类号
=================================
1014     数据结构    刘晓阳     中国科学    013
=================================
```

若选择5,则返回主控菜单:

```
图书管理系统
======
1.系统维护
2.读者管理
3.图书管理
4.图书流通
5.退出系统
======
```

4. 图书流通

图书流通子系统的主要功能包括借书、还书、预约及逾期处理等。在该设计中仅实现了借书和还书功能,预约及逾期处理等功能留给读者自己去完成。

当在主控菜单中选择4之后,就进入图书流通子系统:

```
图书流通子系统
------
1.借书处理
2.还书处理
------
```

请选择:

（1）若选择1,则进入借书处理,系统会提示:

```
输入读者号     书号      借阅日期
  203         1203      04.08.25   <enter>
```

在接受输入信息后,首先查询读者文件。若没有查找到,则显示"非法读者!"。若查找到,则再检查该读者书是否已借满,如果未借满,则继续检查图书文件,否则显示"书已借满!"。检查图书文件如果发现书号不存在或书已借出,都会提示读者:"非法书号!"或"书已借出",否则,进行借书处理,修改借阅文件、读者文件以及图书主文件的相关数据项，并显示"借书成功！"。

（2）若选择 2，则进入还书处理，系统会提示：

输入读者号	书号	还书日期	
203	1203	04.10.20	＜enter＞

在接受输入信息之后，首先用书号查询借还书文件，若查找到，则填入还书日期，然后用书号查询图书主文件，修改借出数，用读者号查找读者文件，修改读者的借书数，最后显示"还书成功！"；否则显示"非法书号！"，并返回主控菜单。

最后，当需要的操作完成后，在主控菜单中选择 5，退出系统，系统会自动将当前图书数据及相关的信息写入磁盘文件。待下次运行系统时，首先读入文件，再进行各种操作。

树和二叉树(课程设计 4)的部分参考程序

```c
#include<stdio.h>
#include<malloc.h>
#define maxsize 100
#define  n  20                    //叶子结点数,假设为 20
#define  m  2*n-1                 //结点总数
#define  max 999                  //float 型的最大值
typedef  char datatype;
typedef struct node               //定义二叉树结点类型
{
    datatype  data;
    struct node * lchild;
    struct node * rchild;
}Btnode, * Btree;

typedef struct                    //结点类型
{
    float  weight;
    int  parent, lchild, rchild;
}hftree;
hftree tree[m+1];                 //哈夫曼树类型,数组从 1 号单元开始使用

Btree  pre_creat()               //由先根序列建立二叉树,返回根指针
{
    Btree  t;
    char ch;
    fflush(stdin);
    scanf(" %c",&ch);            //输入一个结点数据
    if(ch=='@')
        return  NULL;            //虚结点
    else
    {
        t=(Btnode *)malloc(sizeof(Btnode));  //申请结点空间,生成根结点
        t->data=ch;
        t->lchild=pre_creat();   //生成左子树
        t->rchild=pre_creat();   //生成右子树
    }
```

```
            return   t;
    }


    void preorder_btree(Btree root)            //由先根序列输出二叉树
     {
        Btree p = root;
        if(p! = NULL)
        {
            printf(" % 3c",p - > data);         //输出结点值
            preorder_btree(p - > lchild);       //输出左子树
            preorder_btree(p - > rchild);       //输出右子树
        }
     }

    Btree    in_creat()                        //由中根序列建立二叉树,返回根指针,操作不成功
    {
        Btree   t;
        char ch;
        fflush(stdin);
        scanf(" % c", &ch);                    //输入一个结点数据
        if(ch == '@')
            return   NULL;                     //虚结点
        else
        {
            t = (Btnode * )malloc(sizeof(Btnode));    //申请结点空间,生成根结点
            t - > lchild = in_creat();         //生成左子树
            t - > data = ch;
            t - > rchild = in_creat();         //生成右子树
        }
        return     t;
    }


    void inorder_btree(Btree root)            //由中根序列输出二叉树
    {
        Btree p = root;
        if(p! = NULL)
        {
            inorder_btree(p - > lchild );      //输出左子树
            printf(" % 3c",p - > data );       //输出结点值
            inorder_btree(p - > rchild );      //输出右子树
        }
    }
```

```
Btree      post_creat()                    //由后根序列建立二叉树,返回根指针,操作不成功
{
    Btree   t;
    char ch;
    fflush(stdin);
    scanf(" % c",&ch);                      //输入一个结点数据
    if(ch == '@')
        return   NULL;                       //虚结点
    t = (Btnode * )malloc(sizeof(Btnode));   //申请结点空间,生成根结点
    t -> lchild = pre_creat();               //生成左子树
    t -> rchild = pre_creat();               //生成右子树
    t -> data = ch;
    return   t;
}
void postorder_btree(Btree root)            //由后根序列输出二叉树,返回根指针
{
    Btree p = root;
    if(p! = NULL)
    {
        postorder_btree(p -> lchild );       //输出左子树
        postorder_btree(p -> rchild);        //输出右子树
        printf(" % 3c",p -> data );          //输出结点值
    }
}


struct node * Q[maxsize + 1];        //非循环队列,有效下标从 1 到 maxsize + 1 为最大结点数
Btree level_creat()                             //按层次建立二叉树,返回根指针
{
    char ch;
    int   front,  rear;                      //非循环队列头尾指针
    Btree   root,  s;
    root = NULL;                              //置空二叉树
    front = rear = 0;                         //置空队列
    fflush(stdin);
    scanf(" % c",&ch);                        //输入一个结点值
    while(ch! = '#')                          //输入字符,若不是结束符则循环
    {
        if(ch! = '@')                         //非虚结点,建立新结点
        {
            s = (Btnode * )malloc(sizeof(Btnode));      //申请一个新结点
```

树和二叉树(课程设计 4)的部分参考程序

```
            s - > data = ch;
            s - > lchild = s - > rchild = NULL;
        }
        else
            s = NULL;
        rear ++ ;
        Q[rear] = s;                            //不管结点是否为虚结点,都要入队
        if(rear == 1)
        {
            root = s;
            front = 1;
        }//第一个结点是根结点,要修改头指针,它不是孩子
        else
            if(s&&Q[front])                      //孩子和双亲都不是虚结点
            {
                if(rear % 2 == 0)
                        Q[front] - > lchild = s;  //rear 是偶数,新结点是左孩子
                else
                {
                        Q[front] - > rchild = s;  //rear 是奇数,新结点是右孩子
                        front ++ ;                //右孩子处理完后,双亲出队
                }
            }
        fflush(stdin);
        scanf(" % c",&ch);
    }
    return  root;
}
void level_btree(Btree root )                   //层次遍历输出二叉树
{

    Btree p;
    p = (Btnode * )malloc(sizeof(Btnode));       //申请一个新结点
    p - > data = '@';
    p - > lchild = p - > rchild = NULL;          //为新结点赋初值
    int  front,  rear;
    front = rear = 0;                            //置空队列
    p = root;                                    //工作结点指向根结点
    if(p! = NULL)
    {
```

```
            rear ++ ;
            Q[rear] = p;                        //结点不为空就入队
            if(rear == 1)
            {
                front = 1;
                Q[front] = p;                    //根结点入队作为队列头结点
                rear ++ ;                        //队尾指针加 1 以便出队
            }
            while(front! = rear)
            {
                p = Q[front];                    //队头结点出队
                front ++ ;                       //修改队头指针
                printf(" % 3c",p -> data );     //输出元素
                if(p -> lchild! = NULL)
                {
                    Q[rear] = p -> lchild;       //左子树入队
                    rear ++ ;
                }
                if(p -> rchild! = NULL)
                {
                    Q[rear] = p -> rchild;       //右子树入队
                    rear ++ ;
                }
            }
        }
}


void createhuffman(hftree   tree[])
{
    int   i,j,p1,p2;      //p1、p2 记当前所选权值最小的两棵树的根结点在向量 T 中的下标
    float   sm1,sm2;      //记录权值最大的和次大的
    for(i = 1;i < = n;i ++ )      //初始化,根结点(叶子)的双亲和左、右孩子指针置为 0
    {
        tree[i].parent = 0;
        tree[i].lchild = tree[i].rchild = 0;
        tree[i].weight = 0.0;
    }
    printf("\t 请输入 % d 个叶子结点的权值:  \n",n);
    for(i = 1;i < = n;i ++ )                    //输入 n 个叶子的权值
    {
```

```
                    scanf(" % f",&tree[i].weight);
            }
        for(i = n + 1;i <= m;i ++)      //第 i 次合并,产生第 i 棵新树(结点),共进行 n - 1 次合并
            {
                p1 = p2 = 0;          //此句可不要
                sm1 = sm2 = max;       //max 为 float 型的最大值,它大于所有结点的权值
                for (j = 1;j <= i - 1;j ++)    //从第 1 到第 i - 1 棵树中找两个权值最小的根结点
                //作为第 i 个生成的新树
                {
                    if (tree[j].parent! = 0)
                        continue;       //不考虑已合并的点,双亲域不为 0 时就不是根
                    if (tree[j].weight < sm1)   //修改最小权和次小权及位置
                    {
                        sm2 = sm1;        //sm1 记当前找到的最小者权值,sm2 记次小者权值
                        sm1 = tree[j].weight;
                        p2 = p1;         //p1 记当前找到的权值最小者结点的下标
                        //p2 记当前权值次小者结点的下标
                        p1 = j;
                    }
                    else
                        if(tree[j].weight < sm2)    //修改次小权及位置
                        {
                            sm2 = tree[j].weight;     //sm2 记次小权值
                            p2 = j;
                        }          //p2 记次小权值结点在数组中的下标

                }
                tree[p1].parent = tree[p2].parent = i;//对当前被找到的两棵根权值最小数进行合并
                //使这两个结点 p1,p2 的双亲在数组中的下标为 i
                tree[i].parent = 0;            //新根的双亲为 - 1,它没有双亲
                tree[i].lchild = p1;           //修改新根结点的左孩子在向量中的下标为 p1
                tree[i].rchild = p2;           //修改新根结点的右孩子在向量中的下标为 p2
                tree[i].weight = sm1 + sm2;    //修改新根结点权值为其左、右孩子的权值之和
            }
        printf("\n");
    }
void printhumtree(hftree tree[])      //输出哈夫曼树
{
    int i;
    printf("\t 哈夫曼树为: \n\n");
```

```c
    printf("  结点序号   双亲结点    左子树     右子树      权值\n");
    for(i = m;i > 0;i -- )
    {
        printf("%10d",i);
        printf("%12d",tree[i].parent);
        printf("%12d",tree[i].lchild);
        printf("%12d",tree[i].rchild);
        printf("%15.2f\n",tree[i].weight);
    }
}


int   main()
{
    Btree boot;
    boot = (Btnode * )malloc(sizeof(Btnode));
    boot = NULL;
    int i,x;
    printf("################# \n");
    printf("    本程序是用多种方法建立二叉树并输出结点! \n\n");
    printf("################# \n");
    do
      {
        printf("################# \n");
        printf("  x = 1…  先序遍历建立二叉树! \n");
        printf("  x = 2…  中序遍历建立二叉树! 操作不成功\n");
        printf("  x = 3…  后序遍历建立二叉树! 操作不成功\n");
        printf("  x = 4…  层次遍历建立二叉树! \n");
        printf("  x = 5…  先序遍历输出二叉树! \n");
        printf("  x = 6…  中序遍历输出二叉树! \n");
        printf("  x = 7…  后序遍历输出二叉树! \n");
        printf("  x = 8…  层次遍历输出二叉树! \n");
        printf("  x = 9…  哈夫曼树的建立与输出! \n");
        printf("  x = 0…  退出! \n");
        printf("################# \n");
         do
          {
            fflush(stdin);          /* 清除掉键盘缓冲区 */
            printf("请输入 x 的值:");
            scanf("%d",&x);
if((x! = 1)&&(x! = 2)&&(x! = 3)&&(x! = 4)&&(x! = 0)&&(x! = 5)&&(x! = 6)&&(x! = 7)&&(x! = 8)&&
```

树和二叉树(课程设计 4)的部分参考程序

```
(x! = 9))
            {
                printf("请输入正确的 x 的值! \n\n");
            }
        }while((x! = 1)&&(x! = 2)&&(x! = 3)&&(x! = 4)&&(x! = 0)&&(x! = 5)&&(x! = 6)&&
(x! = 7)&&(x! = 8)&&(x! = 9));
        switch(x)
        {
        case 1:
                printf("\t 先序遍历建立二叉树:\n");
                printf("\t 请输入二叉树结点的值! \n");
                printf("(可以输 n 个值均为字母或'@'(n < 100)字符间以回车符换行,想结
束时输多个'@'):\n");
                boot = pre_creat();//顺序表的逆置
                printf("\n\n");
                break;
        case 2:
                printf("\t 中序遍历建立二叉树、操作不成功:\n");
                printf("\t 请输入二叉树结点的值! \n");
                printf("(可以输 n 个值均为字母或'@'(n < 100)字符间以回车符换行,想结
束时输多个'@'):\n");
                boot = in_creat();      //顺序表的逆置
                printf("\n\n");
                break;
        case 3:
                printf("\t 后序遍历建立二叉树、操作不成功:\n");
                printf("\t 请输入二叉树结点的值! \n");
                printf("(可以输 n 个值均为字母或'@'(n < 100)字符间以回车符换行,想结
束时输多个'@'):\n");
                boot = post_creat();      //删除顺序表中的值
                printf("\n\n");
                break;
        case 4:
                printf("\t 层次遍历建立二叉树:\n");
                printf("请输入二叉树结点的值(可以输 n 个值均为字母或'@'(n < 100),输
入'#'):\n");
                boot = level_creat();        //删除顺序表中的值
                printf("\n\n");

        case 5:
```

```
                printf("\t 先序遍历输出二叉树！\n");
                printf("建立的二叉树是： ");
                preorder_btree(boot);
                printf("\n\n");
                break;
        case 6：
                printf("\t 中序遍历输出二叉树！\n");
                printf("建立的二叉树是： ");
                inorder_btree(boot);
                printf("\n\n");
                break;
        case 7：
                printf("\t 后序遍历输出二叉树！\n");
                printf("建立的二叉树是： ");
                postorder_btree(boot);
                printf("\n\n");
                break;
        case 8：
                printf("\t 层次遍历输出二叉树！\n");
                printf("建立的二叉树是： ");
                level_btree(boot);
                printf("\n\n");
                break;
        case 9：
                printf("\t 哈夫曼树的建立与输出！\n");
                createhuffman(tree);
                printhumtree(tree);
        }
    }while(x! = 0);
    printf("\t 再见！\n");
}
```

调试运行实例：

针对图 A.1 所示的二叉树，程序运行如下：

请输入 x 的值：1
    先序遍历建立二叉树：
    请输入二叉树结点的值！
 A
 B
 D
 @

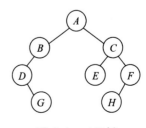

图 A.1 二叉树

树和二叉树（课程设计 4）的部分参考程序

```
G
@
@
@
C
E
@
@
F
H
@
@
@
```

请输入 x 的值：5
            先序遍历输出二叉树
建立的二叉树是：ABDGCEFH
(其余省略)

附录 B | 图（课程设计 5）的部分参考程序

```
# include < stdio. h >
# include < malloc. h >
# define   max   100                          //顶点数的最大值
# define   nmax   100                          /* 假设顶点的最大数为 100 */
typedef   int   datatype;
typedef   struct
    {
        datatype vexs[max + 1];               //顶点信息
        int   admat[max + 1][max + 1];        //邻接矩阵 0 行 0 列不用
        int n,e;                              //n,e 为顶点数和边数
    }graph;
    graph * G;                                //邻接矩阵类型


typedef   struct   node   * pointer;          //表结点类型
struct node
    {                                         /* 表结点类型 */
        int   vertex ;                        //表结点数据
        struct   node   * next ;              //表结点指针
    }nnode;
typedef   struct
    {                                         /* 表头结点类型,即顶点表结点类型 */
        datatype   data ;                     //表头结点数据
        pointer first ;                       /* 表头结点指针 */
    }headtype;
typedef     struct
    {                                         /* 表头结点向量,即顶点表 */
        headtype   adlist[nmax + 1];          //图的顶点信息
        int n,e ;                             /* 顶点数和边数 */
    }lkgraph;                                 //邻接表类型

void   Create_Graph(graph   * ga)             //无向图邻接矩阵的建立
{
    int   i,j,k;
    printf("请输入图的顶点数和边数：");
    scanf(" % d % d",&(ga -> n),&(ga -> e)); //输入无向图的顶点数和边数
    for(i = 1;i < = ga -> n;i ++ )
        for(j = 1;j < = ga -> n;j ++ )
```

```
            ga－>admat[i][j]=0;              //邻接矩阵赋初值
    printf("请输入%d个顶点对!",ga->e);
    for(k=1;k<=ga->e;k++)
        {
            printf("请输入第%d个顶点对(i,j):",k);
            scanf("%d%d",&i,&j);/*输入顶点对(i,j)*/
            ga->admat[i][j]=1;              //无向图连接的两点的矩阵值赋值为1
            ga->admat[j][i]=1;
            printf("\n");
        }
}

void Print_Graph(graph *ga)                 //输出无向图的邻接矩阵
{
    int i,j;
    for(i=1;i<=ga->n;i++)
    {
        for(j=1;j<=ga->n;j++)
        printf("%3d",ga->admat[i][j]);
        printf("\n");
    }
    printf("\n");
}


void matt_ds(graph *gm,lkgraph *g1)         //无向图的邻接表的建立
{
    int  i,j,n,el;                          //gm是题目一中已生成的邻接矩阵
    pointer  p;                             //工作表结点
    g1->n=gm->n;                            //赋值顶点数
    g1->e=gm->e;                            //赋值边数
    for(i=1;i<=g1->n;i++)
        {
            g1->adlist[i].data=i;           //生成邻接表表头并赋初值
            g1->adlist[i].first=NULL;
        }
    for(i=1;i<=g1->n;i++)                   //查找与第i个结点相邻接的结点
                    //并将其连接到第i个邻接表表头的单链表中
        {
        for(j=1;j<=g1->n;j++)               //由于是按顶点序号的大小顺序连入邻接表
                    //因此从前向后搜索与第i个结点相邻接的结点
            {
                if(gm->admat[i][j]==0)  //若邻接矩阵相应j列的元素为0,则表示第i个结
                    //点与第j个结点不邻接
```

```
                continue;
            p = (pointer)malloc(sizeof(pointer));      //生成新结点
            p -> vertex = j;
            p -> next = g1 -> adlist[i].first;         //插入到表头
            g1 -> adlist[i].first = p;                 //头插法


        }
    }
}
void print_Matt_ds(lkgraph   * g1)                    //输出无向图的邻接表
{
    int i,j;
    pointer p;                                        //工作表结点
    for(i = 1;i < = g1 -> n;i ++ )
    {
        printf(" % d ->",g1 -> adlist[i].data);
        p = g1 -> adlist[i].first;
        do
        {
            printf(" % d ->",p -> vertex);
            p = p -> next;
        }while(p! = NULL);
        printf("NULL\n\n");
    }
}
void  Creatadjlist(lkgraph   * g)                     / * g是指针类型 * /
{//有向图的邻接表的建立
    int   i,j,k;
    pointer  s;                                       //工作表结点
    printf("请输入结点数：  ");
    scanf(" % d",&(g -> n));
    for(k = 1;k < = g -> n;k ++ )
    {
        g -> adlist[k].data = k;/ * 给头结点赋初值 * /
        g -> adlist[k].first = NULL;
    }
    printf("请输入边点对(输入 0,0 结束)! \n");          //输入边点对
    printf("输入一条边点对：");
    scanf(" % d % d",&i,&j);
    while(i! = 0&&j! = 0)                              //输入(0,0)结束
```

附
录
B

图(课程设计 5)的部分参考程序

```c
        {
            s = (pointer)malloc(sizeof(pointer));/* 产生一个单链表结点 s */
            s->vertex = j;                      /* 为结点 s 赋值 */
            s->next = g->adlist[i].first;       /* 插入结点 s */
            g->adlist[i].first = s;             /* 将 s 插入到 i 为表头的单链表的最前面 */
            printf("输入一个边点对：");
            scanf("%d%d",&i,&j);
        }
}
void Print_Creatadjlist(lkgraph  * g)           //输出有向图的邻接表
{
    int i,j;
     pointer p;                                 //工作表结点
     for(i = 1;i < = g->n;i ++ )
     {
         printf("%d->",g->adlist[i].data);
         p = g->adlist[i].first;
         do
         {
             printf("%d->",p->vertex);
             p = p->next;
         }while(p! = NULL);
         printf("NULL\n\n");
     }
}
int visited[100];                               //全局变量顶点是否被访问的标志
void DFSL(lkgraph * g,int i)                     //无向图的递归深度优先遍历
{
    int j;
    pointer p;                                  //工作表结点
    printf("%d->",g->adlist[i].data);           //访问出发点,输出结点数据
    visited[i] = 1;                             //结点标志赋1
    for(p = g->adlist[i].first;p! = NULL;p = p->next)
        if(! visited[p->vertex])                //结点没有被访问过就递归
            DFSL(g,p->vertex);
}


void  DFSL1(lkgraph  * g,int  v)                /* v 是访问的起始顶点,g 是表头结点的指针 */
{    //无向图的非递归深度优先遍历
    int s[max],top;                             /* 定义栈数组 s,栈顶指针 top */
```

```
    pointer p;                          /* 定义工作指针 p */
    top = -1;                           /* 堆栈 s 置成空栈,栈初始化为 1 */
    printf("%d->", v);      /* 访问出发点,假设为输出顶点序号,置其被访问标志为 1 */
    visited[v] = 1;
    s[++top] = v;                       /* 将访问过的出发点进栈,然后栈顶指针加 1 */
    do
    {
        p = g->adlist[s[top]].first;    /* 将边表头指针送入工作指针 p 中 */
                                        /* 使 p 指向与顶点 s[top]相邻的邻接表的第一个结点 */
        while(p! = NULL&&visid[p->vertex])/* 指针 p 的数据 p->vertex 域是顶点的编号 */
                                        /* visid[p->vertex]是 p 所指顶点的访问标志 */
        {
            p = p->next; /* 搜索栈顶未访问的一个邻接点 */
        }
        if(p == NULL)                   /* 说明该邻接单链表中的所有结点均被访问过 */
            top-- ;                     /* 退到前一个顶点 */
        else
        {
            printf("%d->", p->vertex);       /* 访问当前工作指针 p 所指顶点 */
            visited[p->vertex] = 1;      /* 置当前 p 所指顶点的访问标志为 1 */
            s[++top] = p->vertex;       /* 将刚访问过的顶点 p(出发点)入栈 */
        }
    }while(top! = -1);/* 直到栈空 */
}
main()
{
    graph *G;                           //邻接矩阵类型
    lkgraph *G1;                        //邻接表类型
    int i,j,x,y;
    G1 = (lkgraph *)malloc(sizeof(lkgraph));      //为两个指针变量申请空间
    G = (graph *)malloc(sizeof(graph));
    printf("################### \n");
    printf("    本程序是对图的各种操作! \n\n");
    printf("################### \n\n");
    do
    {
        printf("################### \n");
        printf("  x = 1… 对无向图建立其邻接矩阵并输出此邻接矩阵! \n");
        printf("  x = 2… 建立无向图的邻接表且其邻接表中的结点按顶点序号从大到小顺
序排列! \n");
        printf("  x = 3… 建立有向图的邻接表并且输出! \n");
        printf("  x = 4… 无向图采用邻接表存储且利用递归深度优先遍历无向图! \n");
        printf("  x = 5… 无向图采用邻接表存储的非递归深度优先遍历! \n");
```

图(课程设计 5)的部分参考程序

```
        printf("   x = 0…   退出！\n");
        printf("注意：如果还没有建立无向图是不能建立无向图的邻接表的！\n\n");
        printf("注意：如果还没有建立无向图的邻接表是不能深度遍历无向图的！\n\n");
        printf(" ################### \n\n");
        do
          {
              fflush(stdin);                /* 清除掉键盘缓冲区 */
              printf("请输入 x 的值:");
              scanf("% d",&x);
              if((x! = 1)&&(x! = 2)&&(x! = 3)&&(x! = 4)&&(x! = 0)&&(x! = 5))
              {
                    printf("请输入正确的 x 的值！\n\n");
              }
          }while((x! = 1)&&(x! = 2)&&(x! = 3)&&(x! = 4)&&(x! = 0)&&(x! = 5));
        switch(x)
          {
          case 1:
                  printf("\t 无向图的建立及其邻接矩阵的输出！\n");//无向图邻接矩阵的
                                                          //建立与输出
                  Create_Graph(G);
                  printf("建立无向图的邻接矩阵为：\n\n");
                  Print_Graph(G);
                  printf("\n\n");
                  break;

          case 2:
                  printf("\t 建立无向图的邻接表并输出！\n");//无向图邻接表的建
                                                      //立与输出
                  Matt_ds(G,G1);
                  printf("输出无向图的邻接表：\n\n");
                  print_Matt_ds(G1);
                  printf("\n\n");
                  break;

          case 3:
                  printf("\t 有向图的建立及其邻接表的输出！\n");//有向图的邻接表
                                                        //的建立与输出
                  Creatadjlist(G1);
                  printf("输出有向图的邻接表：\n\n");
                  Print_Creatadjlist(G1);
                  printf("\n\n");
                  break;
          case 4:
                  printf("\t 深度遍历无向图(递归,邻接表存储):  \n\n");
                                            //递归深度遍历无向图
                  for(i = 1;i < = G1 -> n;i ++ )
                  {
```

```
                for(j = 1;j <= G1 -> n;j ++ )
                    visited[j] = 0;
                printf("深度优先遍历结点 % d：",i);
                DFSL(G1,i);
                printf("NULL\n\n");
            }
            printf("\n\n");
            break;
        case 5：
            printf("深度遍历无向图(非递归,邻接表存储)：    \n\n");
                                    //非递归深度遍历无向图
            for(i = 1;i <= G1 -> n;i ++ )
            {
                for(j = 1;j <= G1 -> n;j ++ )
                    visited[j] = 0;
                printf("深度优先遍历结点 % d：",i);
                DFSL1(G1,i);
                printf("NULL\n\n");
            }
            printf("\n\n");
            break;
    }
    }while(x! = 0);
    printf("\t 再见！\n");
```

调试运行实例：

```
请输入 x 的值：1
                    无向图的建立及其邻接矩阵的输出！
请输入图的顶点数和边数：4 5
请输入 5 个顶点对！请输入第 1 个顶点对(i，j)：(1，2)
请输入第 2 个顶点对(i，j)：(2，4)
请输入第 3 个顶点对(i，j)：(4，3)
请输入第 4 个顶点对(i，j)：(3，1)
请输入第 5 个顶点对(i，j)：(2，3)
建立无向图的邻接矩阵为：
        0    1    1    0
        1    0    1    1
        1    1    0    1
        0    1    1    0
```

附
录
B

图(课程设计 5)的部分参考程序

附录 C 查找(课程设计 6)的参考程序

```c
# include < stdio.h >
# include < stdlib.h >
# define M 18                      //线性表长
# define B 3                       //将线性表分成 B 块
# define S 6                       //每块内结点数为 S
typedef char datatype;
typedef char  keytype;            //定义关键字类型是字符型

typedef struct                     //定义学生的结点结构
{
    char   num[8];
    char name[10];                 //学生的学号、姓名,在这里学号是关键字
            //定义成字符型可能是为了方便比较,但是用整型也可以很好地进行比较
    int chin;
    int phy;
    int chem;
    int eng;                       //学生的语文、物理、化学和英语成绩
}STUDENT;

STUDENT stud[M];                   //在建立数据文件时会用到

typedef struct                     //定义线性表的结点结构
{
  keytype key[8];                  //存放一位学生的关键字
  STUDENT stu;                     //学生的信息
}TABLE;

typedef struct                     //定义索引表的结点结构
{
  keytype key[8];                  //索引表的关键字记录学生的某项数据
  int low,high;//索引表是以块来存放的,这就要求记录每块的内容在线性表里的范围,以节约
            //查找时间
}INDEX;

TABLE list[M];                     //说明线性表变量
INDEX inlist[B];                   //索引表变量
int save()
{
```

```
    FILE * fp;
    int i;
    if((fp = fopen("score.txt","wb")) == NULL)
    {
        printf("Canneot open file! \n");
        return 0;
    }
    printf("\n 文件的内容是:\n\n");
    for(i = 0;i < M;i ++ )//将从键盘输入的数据通过结构体变量 stud 输出到制定文件中,并输
                        //出到屏幕上方便查看
    {
        fprintf(fp," % s ",stud[i].num);          //学号
        printf(" % s ",stud[i].num);
        fprintf(fp," % s ",stud[i].name);         //姓名
        printf(" % s ",stud[i].name);
        fprintf(fp," % d ",stud[i].chin);         //语文成绩
        printf(" % d ",stud[i].chin);
        fprintf(fp," % d ",stud[i].phy);          //物理成绩
        printf(" % d ",stud[i].phy);
        fprintf(fp," % d ",stud[i].chem);         //化学成绩
        printf(" % d ",stud[i].chem);
        fprintf(fp," % d ",stud[i].eng);          //英语成绩
        printf(" % d ",stud[i].eng);
        fprintf(fp,"\n");
        printf("\n");
    }
    fclose(fp);
}
void creat()
{
    int i;
    for(i = 0;i < M;i ++ )//从键盘输入 M 个学生的数据存放到结构体数组 stu[M]中
    {
        scanf(" % s % s % d % d % d % d",stud[i].num,stud[i].name,
                &stud[i].chin,&stud[i].phy,&stud[i].chem,&stud[i].eng);
    }
    save();                                    //写入文件函数
}
void readtxt(void)                             //构造线性表 list 及索引表 inlist
{
    FILE * fp;
```

查找(课程设计 6)的参考程序

```
        int i,d;
        char max[8];
        fp = fopen("score.txt","r");                //以只读方式打开 score.txt 文件
        for(i = 0;i < M;i ++ )                      //将 score.txt 中的 M 个数据输入线性表 list 中
        {
                fscanf(fp," % s",list[i].stu.num);    //从文件 score.txt 中输入第 i 个学生的学号
                fscanf(fp," % s",list[i].stu.name);   //从 score.txt 中输入第 i 个学生的姓名
                fscanf(fp," % d",&list[i].stu.chin);  //从 score.txt 中输入第 i 个学生的语文成绩
                fscanf(fp," % d",&list[i].stu.phy);   //从 score.txt 中输入第 i 个学生的物理成绩
                fscanf(fp," % d",&list[i].stu.chem);  //从 score.txt 中输入第 i 个学生的化学成绩
                fscanf(fp," % d",&list[i].stu.eng);   //从 score.txt 中输入第 i 个学生的英语成绩
                strcpy(list[i].key,list[i].stu.num); //将第 i 个学生的学号设为关键字
        }
        for(i = 0;i < B;i ++ )                      //构造索引表 inlist,B 是线性表的块数
            {                                       //每块内结点数为 S
                inlist[i].low = i + (i * (S - 1));    //计算索引表的头与尾对应线性表中的位置
                inlist[i].high = i + (i + 1) * (S - 1);
            }
        strcpy(max,list[0].stu.num);               //将第 0 个学生的学号复制到数组 max 中
        d = 0;
        for(i = 1;i < M;i ++ )
        {
                if(strcmp(max,list[i].stu.num)< 0)   //串 max 小于串 list[i].stu.num
                    strcpy(max,list[i].stu.num);     //将大的串放到 max 中,这是在线性表的一块
                                                    //中查找
                if((i + 1) % 6 == 0 )
                {
                    strcpy(inlist[d].key,max);       //将索引表中第 d 个元素的 inlist[d].key
                    d ++ ;                          //设为线性表中第 d 个块的学号的最大值
                    if(i < M - 1)
                        strcpy(max,list[i + 1].stu.num);//将线性表中下一块的第一个学生的学号
                    i ++ ;                          //复制到 max 中,求该块中的最大学号
                }
        }
        fclose(fp);                                //关闭 score.txt 文件
}


void modify (char * key,int kc,int cj)          //kc 是课程号,cj 是成绩,key 是要查找的学号
{
    int low1 = 0,high1 = B - 1,mid1,i,j;
```

```
        int flag = 0;
        while(low1 <= high1&&! flag)
        {
            mid1 = (low1 + high1)/2;                //在索引表中求中间块位置
            if(strcmp(inlist[mid1].key,key) == 0)//中间块的关键字值与要查找的键值相比较
                flag = 1;                           //找到了
            else
              if(strcmp(inlist[mid1].key,key)> 0)     //到前边的块内查找
                    high1 = mid1 - 1;
              else
                  low1 = mid1 + 1;                  //到后边的块内查找
        }
        if (low1 < B)                              //以下是在所找到的块内查找
        {
          i = inlist[low1].low;
          j = inlist[low1].high;
        }
        while(i < j&&strcmp(list[i].key,key))
          i ++ ;//在块内查找学号相符的学生,可能找得到,也可能找不到
        if(strcmp(list[i].key,key) == 0)//找到了,根据所给的学号修改相应的成绩
          if(kc == 1)
            list[i].stu.chin = cj;
          else
              if(kc == 2)
                    list[i].stu.phy = cj;
              else
                  if(kc == 3)
                        list[i].stu.chem = cj;
                  else if(kc == 4)
                        list[i].stu.eng = cj;
    }


void writetxt(void)
{
  FILE * fp;
  int i;
  fp = fopen("score.txt","w");                 //以写方式打开 score.txt 文件
  for(i = 0;i < M;i ++ )                        //将修改后的数据输出到 score.txt 文件中
    {
        fprintf(fp," % s ",list[i].stu.num);     //输入到文件中
```

```
                    fprintf(fp," % s ",list[i].stu.name);
                    fprintf(fp," % d ",list[i].stu.chin);
                    fprintf(fp," % d ",list[i].stu.phy);
                    fprintf(fp," % d ",list[i].stu.chem);
                    fprintf(fp," % d ",list[i].stu.eng);
                    fprintf(fp,"\n");
                    printf(" % s ",list[i].stu.num);        //输出到屏幕上
                    printf(" % s ",list[i].stu.name);
                    printf(" % d ",list[i].stu.chin);
                    printf(" % d ",list[i].stu.phy);
                    printf(" % d ",list[i].stu.chem);
                    printf(" % d ",list[i].stu.eng);
                    printf("\n");
                }
        fclose(fp);                                //关闭 score.txt 文件
}


void main( )
{
    int kc,cj;                                //要修改成绩的课程与将要修改成的成绩
    char key[8];                              //要修改数据的关键字
    int x;
    printf(" ################## \n");
    printf("      本程序是从文件中查找到一个数据并进行修改！\n\n");
    printf(" ################## \n\n");
    do
      {
        printf(" ################## \n");
        printf("   x = 1…  建立文件！\n");
        printf("   x = 2…  修改文件！\n");
        printf("   x = 0…  退出！\n");
        printf("注意：如果还没有建立文件是不能操作的！\n\n");
        printf(" ################## \n\n");
        do
          {
            fflush(stdin);                       /* 清除掉键盘缓冲区 */
            printf("请输入 x 的值：");
            scanf(" % d",&x);
            if((x! = 1)&&(x! = 2)&&(x! = 0))
              {
```

```
                    printf("请输入正确的 x 的值！\n\n");
            }
        }while((x! = 1)&&(x! = 2)&&(x! = 0));
    switch(x)
        {
        case 1：
                printf("\t 文件的建立与输出！\n");
                printf("建立的数据文件的内容是:\n\n");
                creat();                          //创建数据文件 score.txt
                printf("\n\n");
                break;


        case 2：
                printf("\t 对文件进行修改:\n");      //查找数据并修改数据
                printf("请输入欲修改成绩的学生学号！\n");//输入要修改的学生学号
                scanf(" % s",key);
                printf("选择欲修改成绩的课程:语文(1)物理(2)化学(3)英语(4)：");
                                                  //输入要修改的课程
                scanf(" % d",&kc);
                printf("输入该课程的修改成绩：");    //输入该课程的修改成绩
                scanf(" % d",&cj);
                readtxt();                        //调用输入数据函数
                modify(key,kc,cj);                //调用分块查找及数据修改函数
                printf("\n 修改后的数据为:\n\n");
                writetxt();                       //调用输出数据函数
                printf("\n\n");
                break;
        }
    }while(x! = 0);
    printf("\t 再见！\n");
}
```

说明：本程序是利用分块查找算法在文件中查找给定值的数据并将其修改。

算法中的输入数据可由数据文件 score.txt 提供，score.txt 中的数据如下（文件中数据亦可自拟）：

```
10003 丁一 100 54 67 89
10002 钱二 70 85 82 90
10001 张三 72 81 92 69
10023 李四 62 86 90 75
10017 陈五 46 80 60 75
10014 王六 86 50 62 81
```

```
20110 马七 72 64 68 80
20120 杨八 64 68 76 90
20114 梁九 82 56 87 83
20117 赵十 80 64 87 79
20111 赵一 58 84 66 84
20112 梁二 68 60 68 82
30213 杨三 70 50 60 68
30207 马四 80 60 76 84
30202 王五 72 68 86 90
30203 陈六 65 72 76 89
30201 李七 68 80 86 88
30221 张八 80 72 86 90
```

调试运行实例:

```
请输入 x 的值:1
                文件的建立与输出!
建立的数据文件的内容是:
10003 丁一 100 54 67 89
10002 钱二 70 85 82 90
10001 张三 72 81 92 69
10023 李四 62 86 90 75
10017 陈五 46 80 60 75
10014 王六 86 50 62 81
20110 马七 72 64 68 80
20120 杨八 64 68 76 90
20114 梁九 82 56 87 83
20117 赵十 80 64 87 79
20111 赵一 58 84 66 84
20112 梁二 68 60 68 82
30213 杨三 70 50 60 68
30207 马四 80 60 76 84
30202 王五 72 68 86 90
30203 陈六 65 72 76 89
30201 李七 68 80 86 88
30221 张八 80 72 86 90
```

文件的内容是:

```
10003 丁一 100 54 67 89
10002 钱二 70 85 82 90
10001 张三 72 81 92 69
10023 李四 62 86 90 75
10017 陈五 46 80 60 75
10014 王六 86 50 62 81
20110 马七 72 64 68 80
20120 杨八 64 68 76 90
20114 梁九 82 56 87 83
20117 赵十 80 64 87 79
20111 赵一 58 84 66 84
```

20112 梁二 68 60 68 82
30213 杨三 70 50 60 68
30207 马四 80 60 76 84
30202 王五 72 68 86 90
30203 陈六 65 72 76 89
30201 李七 68 80 86 88
30221 张八 80 72 86 90
请输入 x 的值：2
　　　　　　对文件进行修改！
请输入欲修改成绩的学生学号！
30221
选择欲修改成绩的课程：语文(1)物理(2)化学(3)英语(4)：1
输入该课程的修改成绩：95

修改后的数据为：

10003 丁一 100 54 67 89
10002 钱二 70 85 82 90
10001 张三 72 81 92 69
10023 李四 62 86 90 75
10017 陈五 46 80 60 75
10014 王六 86 50 62 81
20110 马七 72 64 68 80
20120 杨八 64 68 76 90
20114 梁九 82 56 87 83
20117 赵十 80 64 87 79
20111 赵一 58 84 66 84
20112 梁二 68 60 68 82
30213 杨三 70 50 60 68
30207 马四 80 60 76 84
30202 王五 72 68 86 90
30203 陈六 65 72 76 89
30201 李七 68 80 86 88
30221 张八 95 72 86 90

查找(课程设计 6)的参考程序

参 考 文 献

[1] 王国钧等.数据结构——C语言描述.北京:科学出版社,2005.
[2] 付百文.数据结构实训教程.北京:科学出版社,2005.
[3] 严蔚敏等.数据结构(C语言版).北京:清华大学出版社,2004.
[4] 徐孝凯.数据结构实用教程(C/C++描述).北京:清华大学出版社,2003.
[5] 文益民.数据结构基础教程.北京:清华大学出版社,2005.
[6] William Ford. Data Structures with C++.北京:清华大学出版社,1998.
[7] 苏仕华.数据结构课程设计.北京:机械工业出版社,2006.